Matthias Pöhm

Der Irrtum PowerPoint

Matthias Pöhm

Der Irrtum PowerPoint

Präsentieren Sie noch oder faszinieren Sie schon?

Redaktionelle Mitarbeit: Brigitta Ernst
Druck: Life Success Media, Innsbruck
Lektorat, Covergestaltung : textum GmbH, München

Printed in Europe
ISBN 978-3-9523680-0-8

Inhalt

Der Irrtum PowerPoint 9

Der Innovationspreis von Leipzig 9

David gegen Goliath 14

Warum PowerPoint überflüssig ist 22

Wahl in Graz 24

Mannheim gegen die Deutsche Bahn 27

Zwei Grundschwierigkeiten von PowerPoint 29

Das Jahresmeeting in Boston 30

Das Basis-Problem von PowerPoint 31

„Sehen Sie das auch so?“ 33

Die sieben Todsünden der PowerPoint-Präsentation 34

Wie ich früher dachte 37

Die Gegenüberstellung 43

Meine Ansicht zu PowerPoint heute 54

Die Alternative zu PowerPoint 63

Trick 1: Die Stiftgröße 66

Trick 2: Der Akt des Erschaffens 67

Trick 3: Sprechbeginn 69

Trick 4: Zeichnen Sie immer eine Dimension mehr 71

Trick 5: Kleine Symbolzeichnungen 77

Trick 6: Bewegen Sie 79

Trick 7: Balkendiagramme von Hand 80

Trick 8: Durchstreichen 84

Trick 9: Schmale und dicke Balken 86
Trick 10: Balken quälend langsam zeichnen 88
Trick 11: Kuchendiagramme von Hand 92
Trick 12: Inverses Kuchendiagramm 97
Trick 13: Schöne Zeichnungen erzeugen Wohlwollen 100

Sprache und Überzeugung 101

Die Wirksprache 101
Fachbegriffe und Worthülsen 110
Weichmacher, Sprachmarotten und Verlegenheitssätze 115
Auftrags-Verhinderungs-Verträge 120

Wann hören wir hin? 125

Die Wahrheit 125
Eigene Lebensregeln 127
Schicksalsschläge und Niederlagen 129
„Das hab' ich nicht gewusst!" 132
Wissenschaftliche Untersuchungen mit erstaunlichem Ausgang 135
Menschliches Handeln, gute Taten 137

Die Zeitlupentechnik: Ergebnisse gut verkaufen 141

Die Zeitlupentechnik 144
Spannungsankündigung 153

Sich selbst verkaufen lernen **155**
Vorstellung als neuer Chef 155
Regeln fürs Assessment-Center 157

Wirkungsexplosion durch Betonung und Pausen **163**
Pausen und Betonung 165
Girlandenbetonung 171
Verkünden statt begründen 174

Stilmittel der Highlight-Rhetorik **175**
Das anonyme Reden 175
Bildhafte Vergleiche 185
Zwei Handlungsebenen 198
Demonstration 201

Reden direkt ins Unterbewusstsein **210**
Diffuse Aussagen konkretisieren 210
Der Prediger in der Kirche 217
Das Gehirn liebt Zahlen 219
Vorteile in allen Konsequenzen ausformulieren 226

Rechnen Sie jeden Vorteil in Geld um **228**

Lassen Sie das Publikum aktiv werden **235**

Mut zum Themenwechsel **240**

V-G-Z: Die schnellste Methode, eine Rede zu entwickeln **245**

Kurztipps **248**

Überleitung zum nächsten Thema 248

Das härteste Rhetorikseminar Europas 248

Die Eröffnung einer Rede 249

Akquise-Präsentationen 250

Wie man mit Prozentzahlen größere Wirkung erzielt 251

Overheadprojektoren 252

Vergessen Sie alles über Rhetorik 253

Zum Schluss **256**

Der Irrtum PowerPoint

In diesem Buch setze ich mich ausführlich mit dem Präsentieren mit Hilfe von Präsentationssoftware auseinander. Ich spreche im Buch immer von PowerPoint, da dieses Programm einen weltweiten Marktanteil von 95 Prozent besitzt. Wenn ich PowerPoint erwähne, dann meine ich damit aber auch immer alle anderen existierenden Präsentationssoftwares, bei denen selbstverständlich die selben Probleme der Anwendung auftreten. Hier sind der Vollständigkeit halber einige andere erwähnt:

Apple Keynote; Applixware; Adobe Ovation; Corel Presentations; FotoMagico; Google Text & Tabellen; OpenOffice.org Impress; KPresenter; LaTeX Beamer; Lotus Freelance Graphics; Lotus Symphony; OperaShow; PowerDash; Prezi; PulpMotion; StarOffice; S5 und viele andere mehr.

Der Innovationspreis von Leipzig

Die Kundin kam aus Leipzig. Sie war Mitinhaberin einer Firma, die Internetlösungen anbietet und sich mit ihrer Erfindung „SaferSurf" für den Innovationspreis der Stadt Leipzig bewarb. Von 147 Bewerbern wurden 135 aussortiert; die restlichen zwölf, darunter auch ihre Firma, kamen in die engere Wahl. Jeder dieser zwölf Bewerber musste nun seine Erfindung im Rahmen einer feierlichen Abendveranstaltung vor einer Jury präsentieren. Hochkarätige Prominenz aus Politik und Wirtschaft einschließlich des Oberbürgermeisters von Leipzig sollte darüber entscheiden, welche Firma die erfinderischste von ganz Sachsen sei.

Zwei Wochen vorher flog ich nach Leipzig zum Rhetorik-Coaching. Coaching, wie ich es verstehe, lässt sich am besten mit dem Ausdruck „individuelle Redevorbereitung" umschreiben. Meine Kunden kannten mich bereits vom Seminar und wollten natürlich diesen Preis gewinnen. Ihnen war klar, dass jedes Gremium seine Entscheidung im Grunde immer aus dem Bauch heraus fällt; das ist bei einer Wettbewerbspräsentation natürlich nicht anders. Die Firmeninhaber waren zu zweit: Er war der technische Kopf des Ganzen und sie zuständig für Marketing und Personalführung. Es ging zunächst um die Entscheidung, wer von den beiden am entscheidenden Abend präsentieren sollte. Ich ließ beide eine kurze Passage vortragen, und sofort war klar: Nicht der versierte Techniker, sondern sie war der bessere Präsentator. Als Nächstes fiel die Entscheidung: Wir verzichten auf PowerPoint!

Die Erfindung dieser Firma war genial. Wer auf seinem Computer ein Virenschutzprogramm hat, weiß, dass regelmäßige Updates notwendig sind. Die Entwicklung dieser Firma machte solche Updates überflüssig: Sie setzt sich einfach in die zentrale Zuleitung beim Internetservice-Anbieter und wäscht dort in Echtzeit allen Virenmüll aus dem Datenstrom heraus. Der Kunde muss sich nie wieder um Viren oder Virenschutz-Updates auf seinem Rechner kümmern: Das tut der Internetservice-Anbieter, der halbstündlich mit den aktuellsten Programmen gegen die im Umlauf befindlichen Viren versorgt wird, für ihn. Und das für 2 Euro.

Zwei Tage nahmen wir uns Zeit, um die Präsentation vorzubereiten – bis ich sicher sein konnte, dass die Erfindung auch der Jury unter die Haut gehen würde. Am Abend der großen Auswahl kamen alle zwölf Kandidaten nacheinander auf die Bühne und präsentierten ihre Innovation. Elf hatten PowerPoint dabei, meine Firma … eine Taschenlampe. Ansonsten stand nur ein einsames Flipchart auf der Bühne. Dann kam die entscheidende Passage der Rede:

> „Wussten Sie, dass von weltweit 100 Computern derzeit gerade mal fünf einen Virenschutz haben? In Ihren Firmen hat das jeder, aber weltweit gesehen und alle Privaten mit eingerechnet sind es magere *fünf* Prozent."

Meine Kundin blätterte das Flipchartblatt um, und es kam folgende Zeichnung zum Vorschein.

„5 Prozent – das bedeutet: Von 20 Computern, die Sie hier sehen, hat gerade mal einer einen Virenschutz."
(Sie deutete auf den einzigen ausgemalten Kreis auf dem Flipchart.)
„Der Virenschutz befindet sich auf der Festplatte jedes einzelnen Computers vor Ort. Einen Virenschutz können Sie mit einem schützenden Lichtkegel vergleichen: Eine unsichtbare Hand strahlt diesen Lichtkegel über einem Computer aus und schirmt ihn dadurch vor schädlichen Einflüssen ab."

Jetzt nahm sie eine große Taschenlampe heraus, knipste sie an und hielt sie über den schraffiert gezeichneten PC, sodass dieser in einen Lichtkegel getaucht war.

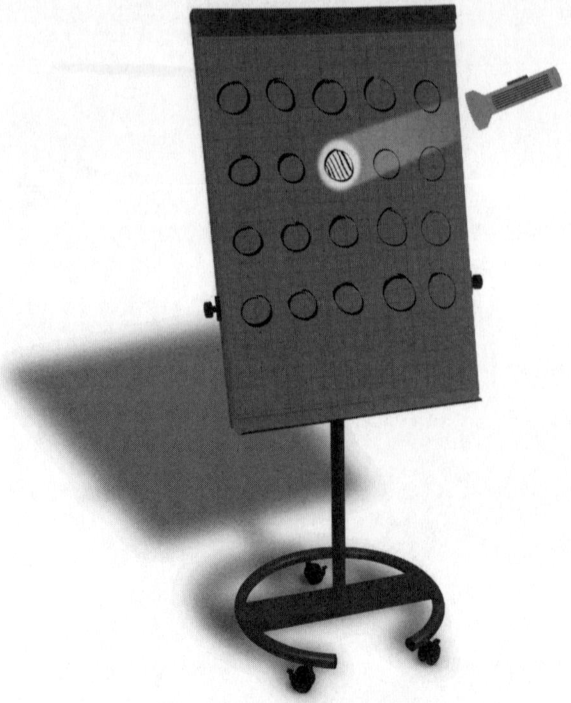

„Wir haben nun Folgendes erfunden: Wir schützen nicht mehr den einzelnen Computer vor Ort, sondern wir gehen zurück in die zentrale Zuleitung …"
(In diesem Moment trat sie mit der Taschenlampe zurück und erzeugte dadurch folgenden Lichtkegel auf dem Flipchart:)

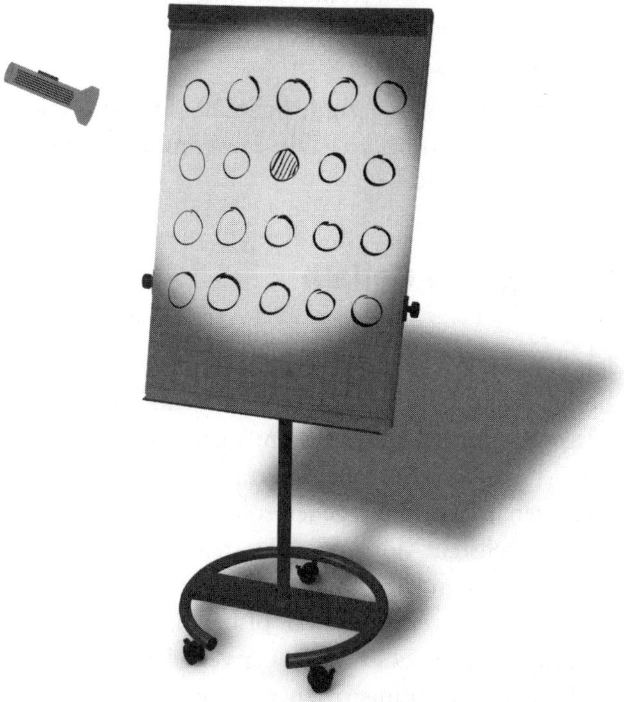

„Und dadurch schützen wir *alle* Computer, die von hier aus beliefert werden. Wir tun das beim Internetservice-Anbieter und waschen dort in Echtzeit allen Virenmüll aus dem Datenstrom heraus …"

Es folgten einige Ausführungen über das enorme Marktpotenzial und die Marketingstrategie dieser Erfindung. Zum Ende der Rede hatten wir uns einen Schlusssatz überlegt, der es in sich hatte. Und so sagte sie mit selbstbewusstem Blick mitten ins Publikum hinein:

> „Sie werden noch stolz sein, eine Firma wie uns in Leipzig zu haben! Danke!“[1]

Den Hauptpreis und zusätzliche 20.000 Euro erkannte man meiner Firma zu. Die PowerPoint-Präsentatoren schauten in die Röhre.

David gegen Goliath

Ich flog mit der letzten Abendmaschine von Zürich nach Berlin. Am nächsten Tag stand ein Termin bei einer Werbeagentur mitten in Berlin an; man hatte mich für ein Zwei-Tages-Coaching engagiert, aber ich wusste noch nicht genau, worum es gehen sollte.

Am nächsten Morgen schilderten mir die beiden Inhaber in ihren herrschaftlichen Agenturräumen ihre Situation. Ihre Agentur war bisher darauf spezialisiert, Zeitungen ein neues Gesicht zu verleihen; damit waren sie inzwischen unumstrittener Marktführer im deutschsprachigen Raum geworden. Nun wollten sie sich einen neuen Geschäftszweig erschließen: Kundenzeitschriften für Großfirmen. Was viele nicht wissen: Großfirmen, die Konsumartikel vertreiben, bringen Kundenzeitschriften teilweise in Millionenauflagen heraus. Die meisten dieser

1 Virenschutz für 2 Euro, www.nutzwerk.de

Zeitschriften werden von externen Agenturen getextet, gestaltet und verlegt, und meine Werbeagentur wollte in diesen lukrativen Markt eindringen. Sie hatte sich bei zwei Ausschreibungen beworben und musste ihre Entwürfe innerhalb der nächsten zwei Wochen präsentieren – wie üblich in Konkurrenz zu einer Reihe von Mitbewerbern. Es ging um die Kundenzeitschrift des Autokonzerns Mazda und die von Kraft Foods, dem zweitgrößte Lebensmittelproduzenten der Welt. Gleich zu Anfang des ersten Coaching-Tages eröffnete man mir: „Bei Mazda sind wir und ein anderer Mitbewerber in die Endrunde gekommen; hier stehen die Aussichten rein rechnerisch 50 zu 50. Beim Lebensmittelproduzenten Kraft sind wir einer von fünf Anbietern. Bei beiden sind unsere Mitbewerber *die* Giganten am Markt – die Crème de la Crème der Agenturen. Wir sind um einen Faktor drei bis zehn kleiner als die anderen, wir existieren gerade mal vier Jahre, während die anderen seit Jahrzehnten etabliert sind. Wir haben fast keine Referenzen in diesem neuen Businesszweig. Wir halten es deshalb für fast aussichtslos, beide Aufträge zu bekommen. Aber Ihr Ansatz gefällt uns. Wir wollen's damit versuchen! Denn im Erfolgsfall würde das für unsere Firma den Durchbruch bedeuten."

Das war also die Ausgangssituation. Ich dachte mir: „Spannende Aufgabe!" Wie nicht anders zu erwarten, kamen sie mit einem Präsentationsentwurf in PowerPoint. Ich schaute ihn mir geduldig an und fragte nach einer Weile: „Wie haben Sie es denn früher gemacht, als es noch kein PowerPoint gab?" – „Damals haben wir mit altmodischen Pappen hantiert", lachte der Inhaber. „Das sind große starke Kartons, auf die wir die Entwürfe geklebt haben – die haben wir dann in eine Art seitlich verstärktes Stehdach gestellt."

Ich bat sie: „Bringen Sie mir doch mal ein solches Stehdach!“ Und als ich es sah, war meine Entscheidung sofort klar: „Wir nehmen das Stehdach – auf PowerPoint verzichten wir.“ Meine Überlegung war die: Wenn wir dramatisch anders, dramatisch besser sein wollen als die anderen, dann muss sich das auch in einer dramatisch anderen Art der Präsentation niederschlagen. Von einem konnte ich Gott sei Dank ausgehen: Die anderen Mitbewerber würden natürlich mit PowerPoint und Beamer antanzen.

Mein Kunde, bereits durch mein erstes Rhetorikbuch vorgewarnt, folgte mir ein wenig zögernd in meiner Entscheidung. Und dann arbeiteten wir zwei intensive Tage zusammen an der „Show“. Meinem Kunden wie auch mir war klar: Gut zu sein genügt nicht, man muss auch als gut rüberkommen! Es geht zu 80 Prozent nur darum! Zunächst strich ich die eigene Firmenvorstellung auf das Minimum zusammen, auf das, was wirklich spannend war – natürlich ohne PowerPoint. Ursprünglich wollten sie alle Heftseiten des erstellten Modellheftes zeigen, aber ich kürzte auch das auf jene Seiten zusammen, die Highlights darstellten – auf gerade so viel, dass der Kunde noch Lust auf mehr hatte. Das ist die Kunst: Wenn er nämlich Lust auf noch mehr hat, dann hat er auch mehr Lust auf diese Firma.

Wir konnten natürlich davon ausgehen, dass unsere Mitbewerber den Kunden mit jeder einzelnen von ca. 80 gestalteten Seiten im Detail langweilen würden. Um trotzdem einen Überblick über das Gesamtheft zu vermitteln, dachten wir uns ein einzigartiges Showelement aus. Ich bat meinen Kunden, das Heft – mit jeweils zwei Heftseiten übereinander angeordnet – auf einer ca. 6 Meter langen und 70 Zentimeter breiten Papierbanderole komplett abzudrucken.

Gegen Ende der Präsentation enthüllten die beiden Firmeninhaber plötzlich dieses von beiden Seiten gleichmäßig eingerollte überdimensionale Transparent, sodass alle erstellten Seiten wuchtig und im Gesamtüberblick für den Kunden sichtbar wurden. Wow! Sie hefteten das Transparent mit Magneten an die Wand, baten den Kunden aufzustehen und führten ihn am ganzen Heft entlang, um im fokussierten Überflug auf die spannendsten Highlights einzelner Seiten aufmerksam zu machen.

Mir war bei der Durchsicht der Ausschreibung aufgefallen, dass der Lebensmittelkonzern Kraft durch diese neue Kundenzeitschrift beabsichtigte, größere Umsätze zu erwirtschaften. Meine beiden Inhaber waren bei ihrer Präsentation jedoch mit keinem Wort auf diesen Aspekt eingegangen. Deshalb nahm ich in den Vortrag eine Passage auf, in der wir dem Kunden auf der Grundlage von vier Spezialseiten plausibel machten, warum und wodurch wir Mehrverkäufe erzielen würden – handfest vor Augen geführt an einem zwar hypothetischen, aber konkret errechneten Eurobetrag.

Ich wusste aus meiner Erfahrung mit tausenden von Seminarteilnehmern und Coaching-Kunden, dass mit Sicherheit keiner unserer Mitbewerber dies auch nur ansprechen, geschweige denn konkret vorrechnen würde. Was Zeitungsgestalter von Natur aus interessiert, ist das Gestalten eines schönen Heftes. So banal und einfach das auch ist: Die meisten erwähnen nicht, was jeden Kunden am meisten interessiert: Wie wirkt sich das schöne Heft auf meine finanzielle Situation aus? Es war gut zu wissen, dass wir bei der Präsentation wahrscheinlich die einzigen Bewerber sein würden, die sich über den Umsatzzuwachs des Kunden konkret Gedanken gemacht hatten.

In Sachen Autokonzern gab es eine Besonderheit. Durch Kontakte hatten meine beiden Agenturinhaber erfahren, wie in etwa das Konzept des anderen Mitbewerbers aussehen würde. Der Auftrag des Autokonzerns lautete so: Zwei bestehende Hefte für unterschiedliche Kundensegmente sollten zu einem einzigen Heft zusammengeführt werden. Wir wussten nun, dass der Mitbewerber ein optisch klar abgetrenntes Heft im Heft realisieren wollte. Wir aber hatten etwas anderes vor: ein einziges Heft, ohne sichtbare Unterscheidung.

Jetzt ging es für mich darum, wie wir diese wertvolle Hintergrundinformation möglichst dezent, aber optimal für uns nutzen konnten. Dann kam mir eine Idee … Der Firmeninhaber sollte zum Flipchart gehen und sagen:

> „Wir hatten uns im Vorfeld überlegt, wie sich die zwei Hefte am besten zusammenführen lassen. Eine Idee war die: Wir machen ein Heft im Heft."
> (Dabei zeichnete er mit schnellen Strichen folgendes Bild auf das Flipchart.)

„Aber dann kam uns die Erkenntnis: Mercedes zum Beispiel vertritt klar seine Identität mit allen Fahrzeugen in *einem* Heft. Da wird nicht unterschieden zwischen jugendlichen und älteren Mercedes-Kunden.

Unsere Überlegung war also: Sie als Kunde wollen ein einheitliches Auftreten, eine einzige, nicht eine dividierte Identität, sonst würden Sie ja die beiden Hefte nicht zusammenlegen wollen.“
(Jetzt setzte er mit einem dicken Rotstift an:)
„Deshalb haben wir diese Version …
(und er strich die Zeichnung ernergisch durch)

„… VERWORFEN!“

Wir wussten ja, dass der Mitbewerber am nächsten Tag mit genau *diesem* Vorschlag kommen würde! Na ja, das Leben ist ein Spiel … und macht einfach Riesenspaß!

Plötzlich kam mir noch eine Idee, wie wir ein emotionales Highlight ganz am Schluss der Präsentation setzen konnten: Einer der beiden Agenturinhaber zeichnete am Ende seiner Show schweigend mit zwei v-förmig angeordneten Strichen die Schwingen eines stilisierten fliegenden Vogels auf das Flipchart und wandte sich dem Auditorium zu:

„Wir wollen mit Ihnen zu neuen Ufern fliegen." Dann drehte er sich wieder zurück und ergänzte den Vogel zu einem an den Ecken abgerundeten Viereck – und heraus kam … das Logo des Autokonzerns Mazda! „Ich danke Ihnen!"

Zurück in Zürich. Fünf Tage später kam ein Anruf. Meine Mitarbeiterin stellte zu mir durch. Es war Berlin. Ich redete ca. 15 Minuten mit dem Firmeninhaber. Ich ließ mich nicht aus der Ruhe bringen. Schließlich sagte ich: „OK, dann warten wir halt auf das zweite Ergebnis" und legte wieder auf. Zehn Tage später klingelte wieder das Telefon bei mir. Wieder war es Berlin. Und jetzt war auch das amtlich: Meine Leute hatten BEIDE MILLIONENAUFTRÄGE gewonnen!!!

Coaching macht mir riesigen Spaß. Umso mehr, wenn es gilt, als David mehrere Goliaths aus dem Rennen zu schlagen. Schauen Sie, ohne PowerPoint haben Sie mehr Erfolg, und das ist nicht nur ein gutklingender Marketingspruch von mir. Ich erfahre ständig an messbaren Ergebnissen, dass es wirklich so ist.

Warum PowerPoint überflüssig ist

In den meisten Rhetorikbüchern findet man folgenden Leitsatz: „Sprechen Sie während Ihrer Präsentation einen zusätzlichen Sinneskanal an. Dadurch erhöht sich die Behaltensquote und die Wirkung der Worte." Also: Wenn das Publikum zur gehörten Sprache (Sinneskanal Ohr) noch einen Text oder eine Grafik sieht (Sinneskanal Auge), bleibt der Vortrag automatisch besser haften.

Als 1968 der erste Overheadprojektor auf den Markt kam, hatte man ein wunderbares Hilfsmittel gefunden, diesen Lehrsatz in die Praxis umzusetzen.

1987 erwarb Bill Gates die Rechte an PowerPoint – jenem Programm, das langsam den Overheadprojektor verdrängt hat und das heute 95 Prozent des Präsentationssoftwaremarkts beherrscht.

Egal, in welchem Umfeld wir uns bewegen: Praktisch überall wird mit dem Flaggschiff von Microsoft präsentiert. Mit Hilfe eines Beamers wird die Grafik der letzten Umsatzzahlen auf die Leinwand geworfen. Die neue Strategie der Marketingabteilung. Die Umsetzung der neuesten Restrukturierungsmaßnahme. Die schematische Darstellung eines technischen Vorgangs. Und so weiter und so fort.

Am 28. August 1963 stieg ein Mann vor dem Lincoln Memorial in Washington auf eine Rednertribüne und erhob seine Stimme zu über 250.000 versammelten Menschen. Es wurde eine der größten Reden des Jahrhunderts. Der Mann war Martin Luther King, jener charismatische Führer der Afroamerikaner, der gewaltlos gegen die Rassentrennung in den USA kämpfte. Heute kennt man diese seine berühmteste Rede unter dem Titel

„I have a dream". Mit flammenden Worten beschrieb Martin Luther King sein Amerika der Zukunft. Immer wieder begann er seine Sätze mit:

„I have a dream." Wer diese Rede einmal im Fernsehen gesehen hat, kann die Ehrfurcht gebietende Wirkung seiner Worte von damals nachempfinden.

Stellen wir uns folgendes Szenario vor: Schon damals hätte es PowerPoint gegeben, und Martin Luther King hätte zur Verdeutlichung seiner Botschaft auf einem riesigen Bildschirm seine Kernaussagen mit PowerPoint unterstützt. Das hätte dann in etwa so aussehen können:

Traumvorstellungen für die Zukunft Amerikas

1) Erhebung der Nation mit dem Ziel der Gleichheit aller Menschen
2) Gemeinsames Zusammensitzen früherer Sklaven und Sklavenhalter am Tisch der Brüderlichkeit in Georgia
3) Händeschütteln von schwarzen und weißen Kindern im rassistischen Staat Alabama
4) Umwandlung des früheren Sklavenstaates Mississippi in eine Oase der Freiheit und Gerechtigkeit
5) Leben in einer Nation, in der die Beurteilung nicht nach der Hautfarbe, sondern nach dem Charakter stattfindet

Diese Texte wären natürlich unter Ausschöpfung aller spielerischen PowerPoint-Möglichkeiten in Farbe von links nach rechts wie von Geisterhand auf dem Bildschirm eingeschwebt ... 250.000 Menschen hätten bereits vorher gelesen, was Herr King danach noch einmal fast wörtlich wiederholt hätte ... Seine sonst so bildhafte Sprache hätte sich notgedrungen an den Akademikertext auf der Folie angepasst ... Und eine der größten Reden der Menschheit hätte sich um den Faktor Zehn verschlechtert! Niemand mehr würde diese Rede heute zitieren. Und ich vermute, dass die Rassentrennung in den USA noch immer nicht abgeschafft wäre.

An dieser Jahrhundertrede wird ein Wirksamkeitsprinzip von Reden deutlich: Es geht gar nicht so sehr um den Inhalt der Rede – das ist nur ein Wunschdenken der meisten Redner. Man hat herausgefunden, dass den Zuhörern vom Inhalt einer Präsentation gerade mal magere sieben Prozent im Gedächtnis bleiben! Rückgerechnet auf die Rede von damals würde das heißen: Von den 250.000 versammelten Menschen hätte, wohlwollend betrachtet, weniger als ein Prozent anschließend alle seiner insgesamt sieben Traumvisionen zusammenfassen können.

Nicht der transportierte *Inhalt* ist für die Wirkung entscheidend – das ist ein Irrtum, der sich hartnäckig in den Köpfen der meisten Rhetoriktrainer hält. Entscheidend ist vielmehr das *Gefühl*, das dieser Inhalt bei den Menschen auslöst. Nur darum geht es. Und Martin Luther King hat Gefühle ausgelöst, dabei ist es völlig egal, wie viele Details der Rede die Zuschauer behalten haben.

Wahl in Graz

Man hatte mich zu einem Symposium in Graz eingeladen, kurz vor der Wahl eines neuen Landeshauptmanns in der Steiermark. Ich war einer von drei Spezialisten an diesem Abend, um die vier Hauptkandidaten zu beurteilen, die sich um das Amt des Landeshauptmanns bewarben. Ich sollte ihre Rhetorik ins Visier nehmen, Günter

Hübner ihre Körpersprache analysieren und Jean Etienne Aebi, Inhaber einer großen Werbeagentur in Zürich, die Kreativität der Parteienwerbung bewerten. Jeder von uns hatte etwa eine halbe Stunde Zeit.

Wir drei saßen an einem Podiumstisch auf der Bühne; hinter uns befand sich die Großbildleinwand für die einzuspielenden Videos. Als die Reihe an Jean Etienne Aebi kam, unterlief ihm eine technische Panne, die er selbst gar nicht bemerkte; ich aber machte bei dieser Gelegenheit eine Zufallsbeobachtung, die mir das PowerPoint-Dilemma drastisch vor Augen führte. Herr Aebi unterstützte seine Analyse mit einer PowerPoint-Präsentation. Er hatte seinen Laptop vor sich und blickte abwechselnd auf den Bildschirm und wieder ins Publikum; seine Thesen waren hinter ihm auf der Großbildleinwand als Text zu sehen.

Ich konzentrierte mich auf das Publikum und bemerkte, wie mit einem Mal die Aufmerksamkeit spürbar anstieg. Ich wusste jedoch nicht warum: Die Redeweise von Herrn Aebi hatte sich nicht verändert, auch thematisch erzählte er nichts Spannenderes als vorher. Trotzdem spürte ich eine deutlich vermehrte Energie im Raum. Ich sah auf den Laptop-Bildschirm des neben mir sitzenden Referenten und las dort: „Die Umsetzung macht daraus den Output.“ Irgendetwas sagte mir: „Schau doch mal nach hinten.“ Da sah ich es: Die Übertragung zwischen Laptop und Beamer war unterbrochen. Die Leinwand hinter uns war dunkel. Herr Aebi ging weiter davon aus, dass das, was er auf seinem Bildschirm sah, auch hinter ihm zu lesen stand. Mit einem Mal wurde mir klar, warum das Publikum so gefesselt war: Der Text, den er uns gerade vorgetragen hatte, war nicht mehr gleichzeitig zu lesen. Plötzlich war Spannung entstanden. Herr Aebi wusste nicht, dass die Aufmerksamkeit nur noch auf ihn gerichtet und nicht mehr zwischen ihm und der Leinwand aufgeteilt war. Aber ich!

An dieser Stelle erkannte ich eine Wahrheit, die den wohlklingenden Spruch vom zusätzlichen Sinneskanal ins Gegenteil verkehrt. Diese Wahrheit ist:

Sie ENTWERTEN eine Aussage, wenn sie noch einmal auf Folie zu sehen ist.

Sie machen es schlechter, anstatt besser! Jede Entscheidung eines Menschen wird in letzter Konsequenz auf der Gefühlsebene gefällt. Wenn Sie keine Gefühle auslösen, werden Sie niemals einen Menschen für Ihr Anliegen gewinnen können.

Text auf Folie verhindert Gefühle, tötet Spannung und verhindert Wirkung.

Alles andere ist gut klingende, aber graue Theorie, und PowerPoint ist der dominierendste Protagonist dieser Wirkungs-Verhinderungs-Schlachten. Viele meinen, mit Grafiken, schematischen Darstellungen und Schaubildern sei es anders. Leider nein! Denn – wie ich Ihnen noch beweisen werde – Text tötet immer die Spannung, auch wenn er dazu dient, Diagramme, Schautafeln oder Bilder zu beschriften.

Die glühendsten PowerPoint-Verfechter sind meistens nur die Referenten, nicht aber die Zuhörer. Alle klagen über PowerPoint, aber keiner tut etwas dagegen, und in Ermangelung einer Alternative wird tapfer am Althergebrachten festgehalten. In fast allen Fällen, in denen mir von einem Redner berichtet wird, der die Zuhörer begeistern konnte, stellt sich heraus, dass er frei gesprochen hat – ohne PowerPoint.

Sie sehen: Menschen überzeugen, nicht technische Hilfsmittel. Natürlich gibt es Ausnahmen – Redner, die *trotz* PowerPoint einen guten Vortrag halten. Aber solange man nicht die alternative Methode kennengelernt hat, die ich Ihnen weiter hinten im Buch vorschlage, ist man versucht zu glauben, PowerPoint sei das Nonplusultra, wenn man es nur richtig einsetze.

Es verhält sich damit so ähnlich wie mit den Fotowettbewerben bis 1930, als es nur Schwarzweißfotos gab. Damals wurde jährlich das beste Foto nach Realismustreue und Tiefenschärfe prämiert. Dann, 1931, tauchten plötzlich Farbfotos unter den Einsendungen auf. Ab diesem Moment hatten die Schwarzweißfotos keine Chance mehr. So ist es auch mit PowerPoint: Solange Sie das Neue nicht kennen, halten Sie das Herkömmliche für das Beste. Denn das Schwarzweißfoto oder der PowerPoint-Vortrag ist ja nicht per se verkehrt. Aber sobald Sie den identischen Vortrag in der Gegenüberstellung mit der neuen Methode erlebt haben, wollen Sie nicht mehr zum Schwarzweißfoto zurückkehren.

Mannheim gegen die Deutsche Bahn

Folgende Rede hielt ein Teilnehmer – einer der Stadtkämmerer des Mannheimer Oberbürgermeisters – meines Rhetorikseminars in Zürich. Der Text wurde von der Videoaufzeichnung übernommen:

> „Ich bin gebürtiger Mannheimer und war dort als Direktor des Regionalverbandes tätig – als einer der jüngsten Direktoren in ganz Deutschland. Der Regionalverband umfasst eine Region mit 2,3 Millionen Einwohnern. Das ist das

Vierfache des Großraums Zürich. Fast 100.000 Unternehmen sind dort zu Hause – das entspricht der gesamten Wirtschaftskraft der französischen Schweiz. Ich war als Direktor für Nahverkehr an der Spitze einer etwa 30-köpfigen Verwaltung für die Planung und Entwicklung dieses Raumes zuständig. Wir standen vor einer Riesenherausforderung, denn die Deutsche Bahn plante, an dieser Region vorbeizufahren. Ihr Vorhaben sah so aus, eine ICE-Neubaustrecke von Frankfurt nach Stuttgart zu bauen, ohne am Ballungsraum Mannheim-Heidelberg-Ludwigshafen anzuhalten. Die Bahn plante eine Neubaustrecke, eingebunden in ein europäisches Hochgeschwindigkeitsnetz von Frankfurt nach Stuttgart an Mannheim *vorbei.* Die Herausforderung bestand darin zu zeigen, dass man diesen Raum nicht einfach durchfahren kann, sondern dass man dort halten *muss.*

Es kam nach zweieinhalb Jahren Kampf zum Showdown, zu der wichtigsten zentralen Veranstaltung. Ich hatte anzutreten gegen *eine* Person: Hartmut Mehdorn, den Chef der Deutschen Bahn. Wir mussten nämlich vor einer gerichtsähnlichen Behörde mit einer hochkarätigen Jury unsere Position präsentieren: ein Saal, gleißendes Licht. Zuerst trat Hartmut Mehdorn ans Mikrofon und präsentierte sein Konzept einer Neubaustrecke an dieser Region vorbei. Aber er hatte einen Fehler begangen. Er hatte das Buch *Vergessen Sie alles über Rhetorik* nicht gelesen. Denn dann hätte er gewusst, dass seine Beamer-Präsentation mit drei, vier Beamern nebeneinander und sein Trommelfeuer von sachlichen Argumenten und technischen Details auf die Jury keinen Eindruck machen konnte.

Mir als kleinem, jungem Verbandsdirektor blieb nur die Chance, eine Geschichte zu erzählen. Eine Geschichte OHNE PowerPoint. Ich erzählte die Geschichte unseres Landes Deutschland. Deutschland, das schon seit der Römerzeit und dem Mittelalter geprägt ist von vielen kleinen Zentren, ganz im Unterschied zu Frankreich, wo man nur drei, vier große Städte hat. Dort ist es sinnvoll, mit dem TGV nur diese Städte direkt zu verbinden, denn damit

erreicht man 60, 70 Prozent der Bevölkerung. Aber in Deutschland ist das anders.
Hier kann man nicht einfach an einer Region mit 2,3 Millionen Einwohnern vorbeifahren.
Zweieinhalb Jahre Kampf lagen hinter uns und viele, viele Bürgerinitiativen. Nun waren wir gespannt, ob es uns gelingen würde, dem Giganten Deutsche Bahn AG eine Niederlage beizubringen. Der Tag ging vorbei, und vier Wochen später kam in meinem Büro ein Schreiben von der zuständigen Behörde an. Ich öffnete das Kuvert, ich schaute hinein. Ich sagte zu meiner Sekretärin: ‚Machen Sie einen Sekt auf! Wir haben es geschafft.' Die Deutsche Bahn AG musste zurückrudern: Die ICE-Neubaustrecke bekommt nun definitiv einen Halt in Mannheim."

Verstehen Sie nun, wenn ich sage: PowerPoint verhindert Wirkung?

Zwei Grundschwierigkeiten von PowerPoint

Wenn Sie PowerPoint benutzen, sind die Augen des Publikums starr auf die Leinwand gerichtet. Der Mensch unterliegt einem Lesezwang – sobald Text vor Ihrem Auge erscheint, *müssen* Sie lesen! Den Redner können Sie im Prinzip weglassen oder ihm angesichts seiner selbsterklärenden Folien sagen:

„Bitte treten Sie doch zur Seite, ich möchte selbst lesen." PowerPoint vernichtet Spannung, denn der Redner kann nichts Neues mehr mitteilen.

Jeder Mensch hat eine Aura und strahlt Energie aus. Reden vor Publikum ist im Idealfall ein Austausch von Energie. Sie geben dem Publikum Energie, aber Sie bekommen vom Publikum auch Energie zurück. Eine Leinwand mit Buchstaben und Grafiken dagegen strahlt keine Energie aus. Der Energieaustausch ist blockiert. Deshalb werden Sie bei PowerPoint-Präsentationen auch immer so müde.

Das Jahresmeeting in Boston

Erfahrungsbericht eines Verkaufsleiters aus der Schweiz

> „Wir sind eine international operierende Firma für Flüssigkeitsanalysegeräte und haben insgesamt ca. 3.700 Mitarbeiter. Einmal im Jahr werden unsere Verkaufsleute aus aller Welt (Asien, Russland, Nordamerika, Europa) an einen Ort zusammengeflogen, um für einige Tage über Neuheiten informiert zu werden. Kürzlich waren wir beispielsweise in Boston. Der Flug, die Übernachtung und alle Reisespesen gehen natürlich auf Kosten der Firma. Da sitzen dann ca. 200 Leute im Saal und werden von morgens 8.30 Uhr bis abends 17 Uhr mit PowerPoint bombardiert. Den Tag über wechseln sich fünf bis sechs Referenten ab, die anfangs jeweils ihren Laptop und Beamer anschließen, dann oft erst irgendein technisches Problem lösen müssen und dann ihre Folien vorbeten. Gemeinsam ist allen, dass ihre Folien satt mit Text gefüllt sind. Und weil es ja so spannend ist, überzieht fast jeder Referent noch seine Redezeit.
> Da werden dann lückenlos alle Umsatzzahlen vom letzten Jahr aus allen Sparten gezeigt und alle Produkte mit den jeweiligen Neuerungen zur Vorgängerversion präsentiert. Dort ist das Gerät breiter geworden, hier ein Kabel kürzer, dieses Eingangssignal hier kann empfindlicher abgetastet werden, und bei jenem Gerät hat die Gehäusefarbe gewechselt. Dann werden endlos lange Software-Funktionalitäten präsentiert. Beliebt sind auch Printscreens, bei denen man mit dem Laserpointer auf irgendwelche kaum

erkennbaren Menüpunkte deutet. All das ist der Informations-Overkill pur. Es ist verpönt, diese Präsentationen zu schwänzen, also sitzt jeder tapfer seine Zeit ab. Man beobachtet immer wieder einige, die während der Präsentationen eifrig in ihren Laptop tippen, andere verschicken SMS von ihren Handys. Regelmäßig sieht man ein bis zwei Figuren, die eingeschlafen sind, und etwa ab dem zweiten Tag herrscht ein reges Kommen und Gehen im Saal – offiziell wegen wichtiger Telefonanrufe oder Toilettenbesuche.

Ich ertrage das nunmehr im fünften Jahr. Eigentlich gehe ich nur wegen der Kontakte in den Pausen hin. Wenn mal ein Kollege wegen Krankheit abwesend wäre und ich müsste ihm das Wichtigste zusammenfassen, dann bräuchte ich vielleicht zwei Stunden dafür. Aber das Event dauert insgesamt *fünf* Tage! Stellen Sie sich vor: Fünf Tage lückenlos in PowerPoint. Was das die Firma genau kostet, weiß ich nicht, aber ich betrachte es als eine Geldvernichtungsmaschinerie."

Was dieser Verkaufsleiter offen ausspricht, erträgt die schweigende Mehrheit der Anwesenden still leidend.

Das Basis-Problem von PowerPoint

PowerPoint verleitet zur Substantivierung und zum Formulieren von Wortmonstern, die nur noch vom Verstand verarbeitet werden, aber das Gefühl nicht mehr ansprechen. Das, was Sie normalerweise mit einem Verb ausdrücken, wird in PowerPoint zu einem Substantiv. Hier ein Beispiel: Die beiden frei gesprochenen Sätze: „Der Regensensor erkennt, ob's regnet, und macht den Scheibenwischer an. Der Regensensor erkennt, wie viel es regnet, und stellt den Scheibenwischer schneller", werden unter

PowerPoint zu Substantiv-Schlagwort-Sätzen zerstückelt:

Steuerungs-Kriterien des Regensensors:

- Erkennen der Wischnotwendigkeit bei Benetzung der Frontscheibe
- Wischintervallerhöhung durch Erkennen der Regenmenge

Beim Vortrag geschieht nun leider Folgendes. Der Redner, der die Charts als Stichwortzettel benutzt, liest, bevor er spricht, mit einem Blick diesen Satz. Die Formulierung auf der Folie wandert in sein Kurzzeitgedächtnis, sodass es ihm fast unmöglich wird, es in eine anschauliche Alltagssprache zu übersetzen. Also liest er mehr oder weniger diesen Katastrophensatz ab. Spätestens nach fünf solcher Folien hört niemand mehr im Raum zu. Teilnehmer aus meinen Seminaren haben mir PowerPoint-Vorträge mitgebracht, bei denen 126 (!) solcher Folien hintereinander gezeigt wurden.

PowerPoint wurde bisher mehrere 100 Millionen Mal weltweit verkauft. Man schätzt, dass pro Tag ca. 30 Millionen (!) PowerPoint-Präsentationen gehalten werden. Sie können davon ausgehen, dass die Menschheit monatlich mit mehreren Milliarden solcher Folien in den Schlaf gewiegt wird. Das Problem von PowerPoint-Präsentationen ist, dass man die Rede in eine Struktur zwängt, die dem natürlichen Redefluss entgegenwirkt. Die Rede wird in einzelne kleine Häppchen geteilt. Und nur häppchenweise bekommt sie das Publikum vorgeworfen. So redet leider kein vernünftiger Mensch – nur PowerPoint zwingt Sie, es zu tun. Wer nun einwendet, er blende zwar Folien ein, spreche aber trotzdem frei, dem halte ich entgegen: „Wenn Sie sowieso frei reden, dann lassen Sie die Folien doch gleich ganz weg!"

„Sehen Sie das auch so?"

Eine Dame kam mit einer von ihrem Chef gestalteten PowerPoint-Präsentation zu mir ins Coaching. Neben all den anderen Todsünden konnte sie noch mit einer ganz besonderen Folie aufwarten: Vorher war anhand mehrerer wissenschaftlicher Diagramme verdeutlicht worden, dass Wasser aus dem Wasserhahn schädliche Stoffe enthält. Auf besagter Folie stand nun zu lesen: „Wir haben gesehen, dass Wasser aus dem Wasserhahn für den Körper ungesunde Stoffe enthält." Und nach einer Leerzeile die Frage: „Sehen Sie das auch so?"

Das stand tatsächlich da: „Sehen Sie das auch so?" *Die* ultimative Frage, die, von der Folie abgelesen, die Zuhörer fraglos zu Standing Ovations und Umarmen des Referenten hinreißen wird. Das ist in etwa so, als würde man zum ersten Rendezvous mit einer PowerPoint-Präsentation gehen, weil man sich nicht frei zu sprechen traut. Überprüfen Sie selbst, welche romantischen Gefühle es auslöst, wenn die Angebetete liest und gleichzeitig dazu hört: „Was machst du beruflich?" – „Gehst du öfter hierher?" Und zum Schluss: „Darf ich dich küssen?"[2]

Lassen Sie uns ein hypothetisches Szenario entwerfen: Ein Manager referiert zwei Stunden lang vor 50 Führungskräften. PowerPoint is on! Die Information rauscht auf

2 Wer auf weitere PowerPoint-Geschichten erpicht ist, konsultiere meine Homepage www.rhetorik-seminar.ch. Dort veröffentlichen wir die monatliche PowerPoint-Horrorgeschichte und prämieren die Horrorfolie des Monats.

Nimmerwiedersehen durch das Kurzzeitgedächtnis, die Gedanken schweifen nach zehn Minuten zum Feierabend – Motivation wird nicht aufgebaut, sondern vernichtet. 50 Führungsleute kosten eine Firma in zwei Stunden runde 7.000 Euro – die Arbeit, die in dieser Zeit liegen geblieben ist, nicht mitgerechnet. Wenn man einmal annimmt, dass pro 100 Mitarbeiter wöchentlich fünf solcher Vorträge gehalten werden, und das mit den rund 38 Millionen Beschäftigten in Deutschland multipliziert, dann wird auf diese Art und Weise deutschlandweit pro Woche ein Betrag von 1,6 Milliarden Euro verpulvert. Und das Woche für Woche, Monat für Monat, Jahr für Jahr.

So gesehen wäre es volkswirtschaftlich sinnvoll, PowerPoint und Fertigfolien zu verbieten: Es würde den einzelnen Firmen Millionen einsparen helfen und der Volkswirtschaft Milliarden Zugewinne bringen. Man könnte, anstatt einen Feiertag zu kürzen, einen neuen zusätzlichen Feiertag einführen. Ich schlage den PowerPoint-Gedächtnistag vor.

Die sieben Todsünden der PowerPoint-Präsentation

Was Sie in herkömmlichen Rhetorikseminaren und -ratgebern zum Thema PowerPoint hören und lesen, sind meiner Meinung nach nicht wirkende Oberflächenbehandlungen. Diese klingen dann in etwa so:

Die sieben Todsünden der PowerPoint-Präsentation

- Schwache Kontraste
- Kunterbunte Farben
- Überladener Text

- Winzige Buchstaben
- Massenhaft Aufzählungszeichen
- Umständliche Übergänge
- Langweilige Folien

Das Problem ist: Selbst wenn Sie all diese Punkte vermeiden, schießen Sie trotzdem kilometerweit am Ziel vorbei. So entsteht noch lange keine interessante, spannende Präsentation. Todsünden sind nicht diese sieben Punkte, die Todsünde liegt im Prinzip von PowerPoint.

PowerPoint unterbricht den Energiefluss zwischen Redner und Publikum und Spannung wird verhindert.

Zusätzlich zu dem Basis-Dilemma von PowerPoint kommen noch die internen Regelungen in vielen Firmen hinzu.

Da gibt es Vorschriften, nach denen eine PowerPoint-Präsentation im Vorfeld an alle Teilnehmer einer Sitzung gesandt werden muss. Und dann meint jeder, er müsse das, was er vorher verschickt hat, natürlich auch während der Präsentation abspulen. Da kann ja nur noch eine zweitklassige Präsentation herauskommen. Zweitklassig im Sinne einer Gegenüberstellung mit der Zwei-Versionen Methode, meiner Vorgehensweise, die Sie im Verlauf dieses Buches noch kennenlernen werden.

Der Manager einer Großbank kam zu mir ins Rhetorik-Coaching. Er bat mich darum, ihm zu zeigen, wie er aus den von seinen Assistenten vorgegebenen PowerPoint-Charts eine packende Rede machen könne. Besonders in den Großfirmen gibt es Heerscharen von Kommunikations- und Marketingexperten, die Vorschriften erlassen, wie eine PowerPoint-Folie auszusehen hat. Da wird einfach alles definiert: die Hintergrundfarbe, die Schrifttype der Texte, Überschriften und Aufzählungszeichen, der Abstand der Aufzählungszeichen zueinander, Größe und Position des Logos … und wer weiß was sonst noch. Solch ein streng nach den internen Richtlinien erstelltes Folienpaket mit Verlaufsfarbe im Hintergrund ließ dieser Manager sich bringen und legte es vor mir auf den Tisch.

Ich sah mir einige der von seinen Marketingstrategen entwickelten Folien an und sagte: „Wenn Sie mir einen Rohdiamanten geben, schleife ich Ihnen einen funkelnden Diamanten daraus. Wenn Sie mir aber einen Kieselstein geben, kann ich schleifen, solange ich will – es wird niemals ein Diamant daraus. Was ich hier sehe, sind Kieselsteine. Mit dem Material können Sie keine packende Rede halten!" All diese Vorschriften, wie eine PowerPoint-Folie auszusehen hat, wirken wie ein zu enges Korsett, in das keine zündende, lebendige Rede mehr passt.

Noch schlimmer sind die von einer zentralen Stelle in der Firma für alle verbindlich erstellten Foliensätze, die jedermann benutzen *muss*. Sie werden regelmäßig von Leuten entwickelt, die ähnliche Kurse wie „Die sieben Todsünden der PowerPoint-Präsentation" besucht, aber sonst keine Ahnung haben, wie man Überzeugung, Gefühle, Meinungsführerschaft, Motivation und Faszination wirklich erzeugt. Alle zentral entwickelten Foliensätze, die mir je untergekommen sind, waren ohne Ausnahme Spannungs-Verhinderungs-Folien.

Wie ich früher dachte

Aber wir kennen es nicht anders, und das ist das Problem! Früher predigte ich noch: Man muss PowerPoint nur *richtig* einsetzen, dann ist alles in Butter. Ich war zwar damals schon radikaler als 95 Prozent aller Rhetoriktrainer, bin aber seither noch einen Schritt weitergegangen. Ich stelle Ihnen im Folgenden all jene Regeln vor, nach denen – wie ich früher dachte – man Folien zu erstellen hätte.

Eine Folie, die sich selbst erklärt, ist eine schlechte Folie.

Eine Folie braucht zum Verständnis immer den Redner. Damit erübrigen sich alle Textfolien, auf denen komplette Aussagen stehen. Das gilt auch für alle selbsterklärenden Diagramme. Wenn das Publikum auf der Folie liest: „Herausforderung Komplexität – Drastische Zunahme der Modell- und Produktvielfalt" und ich erkläre es in denselben Worten nochmals, dann kann man mich als Redner wegräumen.

Prüfen Sie nach dieser Regel Ihre Folien, und Sie werden sehen: 90 Prozent davon landen im Papierkorb.

Die Botschaft einer Folie muss in maximal zwei Sekunden zu erfassen sein.

Dabei ist es gleichgültig, ob Sie ein Schaubild auflegen oder ob Sie ein Textfragment zeigen oder einen Cartoon. Machen Sie den Test vorher mit einem Kollegen.

Schalten Sie Ihre Folie zwei Sekunden an und löschen Sie sie wieder. Fragen Sie, ob er alles zusammenfassen kann, was auf der Folie stand. Wenn nicht, taugt die Folie nichts.

Prüfen Sie nach dieser Regel Ihre Folien, und Sie werden sehen: 90 Prozent davon landen im Papierkorb.

Auf der Folie sollen nur Rumpfbotschaften stehen.

Das heißt: Mit dem, was dort steht, darf der Zuhörer ohne Ihre erklärenden Worte nichts anfangen können. Nur so entsteht Spannung! Dort stehen nur Stichwörter, Schlagwörter und Abkürzungen – beispielsweise: „28,4%". Und der Redner sagt: „China hat von 2004 auf 2005 seinen Export um 28,4 Prozent gesteigert." Das eingeblendete Kürzel liefert nur den Anlass, um noch Unmengen an frei gesprochenem Text zu erzählen.

Prüfen Sie nach dieser Regel Ihre Folien, und Sie werden sehen: 90 Prozent davon landen im Papierkorb.

Das gesprochene Wort muss zeitgleich mit der Folienbotschaft kommen.

Der Zeitpunkt, wann Sie den Overheadprojektor mit der Folie anknipsen, ist wichtig. Für obiges Beispiel bedeutet das, dass Sie die Folie „28,4%" genau dann einblenden, wenn Sie auch „28,4 Prozent" sagen.

„China hat von 2004 auf 2005 seinen Export um (Knips) 28,4 Prozent gesteigert." Niemand macht das so. Alle zeigen erst das Ergebnis, und dann wird darüber gesprochen – und gelangweilt.

Prüfen Sie nach dieser Regel Ihre Folien, und Sie werden sehen: 90 Prozent davon landen im Papierkorb.

Auf einer Folie darf nur eine Botschaft stehen.

Die Botschaft kann eine Zeichnung, ein Bild, ein Diagramm oder ein Satzfragment sein. Wie im Leben auch, müssen Sie bei Präsentationen Aufmerksamkeit fokussieren und nicht dividieren. Mit mehreren Botschaften, mit mehreren Fotos, mit mehreren Diagrammen dividieren Sie die Aufmerksamkeit und damit die Energie für Ihre Botschaft.

Prüfen Sie nach dieser Regel Ihre Folien, und Sie werden sehen: 90 Prozent davon landen im Papierkorb.

Jedes Element, das der Hauptbotschaft Leseenergie wegfrisst, muss von der Folie weg.

Das gilt für alle grafischen Spielereien, alle Quellenangaben, alle Seitenzahlen, alle Fußzeilen, alle zusätzlichen Einblendungen von Übersichten: weg damit. Was bleibt, ist eine pure, nackte Botschaft.

Prüfen Sie nach dieser Regel Ihre Folien, und Sie werden sehen: 90 Prozent davon landen im Papierkorb.

Auf einer Folie hat das Firmenlogo nichts zu suchen.

Das Firmenlogo hat keinen Informationsgehalt, frisst natürlich auch Leseenergie und muss deshalb weg. Wenn das Logo auf jeder Folie steht, lenkt das ständig Aufmerksamkeitsenergie von der eigentlichen Botschaft ab. Sie haben sicherlich noch niemals einen Auftrag bekommen, weil Sie auf Ihren PowerPoint-Folien ständig rechts unten Ihr Firmenlogo eingeblendet hatten.

Prüfen Sie nach dieser Regel Ihre Folien, und Sie werden sehen: 90 Prozent davon landen im Papierkorb.

Folienpräsentation und Handout sind nicht dasselbe.

Für die meisten Redner ist das Handout identisch mit ihrer Folienpräsentation. Deshalb sind die Präsentationen auch so langweilig. Die Folienpräsentation muss separat vom Handout erstellt werden. Beim Handout brauchen Sie Achsenbeschriftungen, Überschriften, Kopf- und Fußzeilen, Quellenangaben, ausformulierte Sätze usw. – all das ist wichtig fürs Nachlesen zu Hause. Aber während Sie präsentieren, verzichten Sie auf 95 Prozent der Handoutinhalte – dann ist nämlich Showtime, und da ist weniger immer mehr.

Prüfen Sie nach dieser Regel Ihre Folien, und Sie werden sehen: 90 Prozent davon landen im Papierkorb.

Eine Folie bleibt immer ohne Überschrift.

Wenn Sie sagen: „Hier sehen Sie die Umsatzzahlen 2010“ (Klick), und auf der Folie steht auch noch „Umsatzzahlen 2010“, dann ist Letzteres eine nutzlose Information. Das Gehirn des Zuhörers verlinkt Ihren gesprochenen Satz mit dem erscheinenden Bild. Da muss also gar nichts mehr stehen. Leseenergie wird von der Hauptbotschaft abgelenkt.

Prüfen Sie nach dieser Regel Ihre Folien, und Sie werden sehen: 90 Prozent davon landen im Papierkorb.

Diagramme brauchen keine Achsenbeschriftungen.

Wenn Sie Ihre Diagramme mit Achsenbeschriftungen versehen, frisst das ebenfalls Leseenergie. Das ist unnötig, so etwas liest sowieso keiner. Zeichnen Sie lediglich als Referenz einen Strich auf der Y-Achse ein, zum Beispiel bei 1 Million – das reicht.

Prüfen Sie nach dieser Regel Ihre Folien, und Sie werden sehen: 90 Prozent davon landen im Papierkorb.

Zeigen Sie Diagramme niemals komplett.

Balkendiagramme, Kuchendiagramme, Trendlinien, Ablaufdiagramme sollten niemals als Komplettbild gezeigt werden. Bauen Sie sie animiert, Stück für Stück während Ihrer Präsentation auf oder blenden Sie sie Einheit für Einheit ein. Das tun Sie aus Spannungsgründen! Wenn Sie die Umsatzentwicklung der letzten fünf Jahre als vollständiges Balkendiagramm zeigen, ist keine Spannung mehr zu erzeugen. Wenn Sie Ihre Niederlassungen auf der Weltkarte alle auf einmal einblenden, ist keine Spannung mehr zu erzeugen. Wenn Sie den Warenfluss mit Ihrem neuen System als Gesamtübersicht zeigen, ist keine Spannung mehr zu erzeugen. Bei jedem Schaubild, bei dem es möglich ist, blenden Sie Element für Element nacheinander ein.

Prüfen Sie nach dieser Regel Ihre Folien, und Sie werden sehen: 90 Prozent davon landen im Papierkorb.

Eine Abbildung soll immer ohne jeden beschriftenden Text sein.

Wenn Sie einen Eisberg abbilden, der im Wasser schwimmt, und zu dem unter Wasser liegenden Teil erklären, er entspreche dem Unterbewusstsein, dann müssen Sie um Himmels willen nicht auch noch das Wort „Unterbewusstsein" hinschreiben. Wie bei den Überschriften auch verlinkt das Gehirn Ihren gesprochenen Satz mit dem, was das Auge sieht. Das gilt für alle Abbildungen, Schaubilder, Diagramme und Fotos. Es ist ein Trugschluss, dass der Text auf einem Schaubild die Verständlichkeit erhöhe. Probieren Sie's aus! Ein beschriftender Text an der Grafik verwirrt und lenkt die Aufmerksamkeit ab. Aufmerksamkeit muss aber fokussiert und nicht dividiert werden! Das Bild verliert seine Einfachheit, seine Übersichtlichkeit und damit die Ruhe. Und unser Gehirn geht mit jeder textlichen Zusatzinformation auf der Folie mehr auf Widerstand.

Prüfen Sie nach dieser Regel Ihre Folien, und Sie werden sehen: 90 Prozent davon landen im Papierkorb.

Eine Folie muss beim ersten Anknipsen sofort Lust aufs Anschauen machen.

Die vorhin erwähnte Zwei-Sekunden-Methode, um die Einfachheit von Folien zu testen, kann man auch für den Lust-Unlust-Test anwenden. Wir entscheiden, wenn wir etwas Neues sehen, innerhalb von zwei Sekunden über Lust oder Unlust. Bitte entscheiden Sie bei den Folien auf der folgenden Seite innerhalb von zwei Sekunden, welche von ihnen mehr Lust oder Unlust bei Ihnen auslösen.

Prüfen Sie nach dieser Regel Ihre Folien, und Sie werden sehen: 90 Prozent landen im Papierkorb.

Die Gegenüberstellung

Damit Sie einmal sehen, wie Folien nach meinen obigen, veralteten Regeln aussehen könnten, zeige ich Ihnen im Folgenden Folien mit der Zwei-Versionen-Methode in der Gegenüberstellung.

Wo schauen Sie lieber hin?

Erstes Beispiel

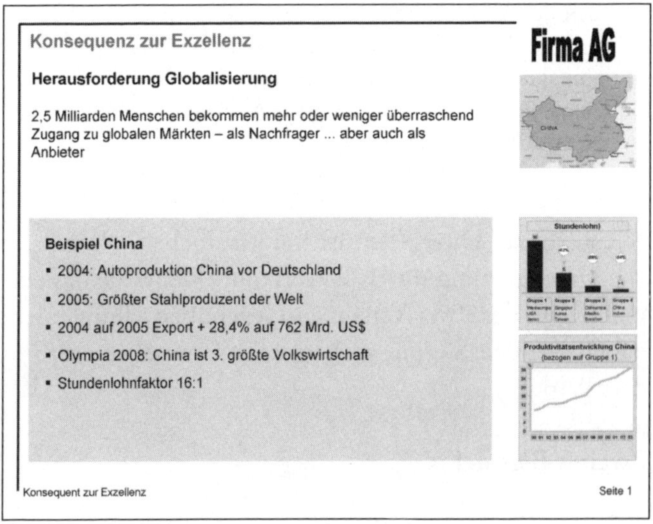

Überprüfen Sie ehrlich: Löst diese Folie bei Ihnen eher Lust oder Unlust aus?

Versuchen Sie sich im Vergleich die Wirkung vorzustellen, wenn ein Redner diese Informationen frei, ohne jegliche Unterstützung durch ein PowerPoint-Chart, vermittelt:

> „Die Globalisierung ist da – ob wir es wollen oder nicht. Zwei Milliarden Menschen erhalten plötzlich Zugang zu den globalen Märkten. Als Kunden, aber auch als Anbieter. (Pause) Ich rede von China! Im Jahr 2004 hat China in der Autoproduktion ein traditionsreiches Land überholt: Dieses Land war (Pause) Deutschland. China produziert heute tatsächlich mehr Autos als das Mutterland von Gottlieb Daimler. Im Jahr 2005 stieg China zum größten Stahlproduzenten der Welt auf.
> Wenn Deutschland von Exportzuwächsen spricht, handelt es sich um Größenordnungen von 3 bis 7 Prozent. China hat von 2004 auf 2005 einen Exportzuwachs von (Pause) 28,4 Prozent erreicht. Inzwischen ist das Reich der Mitte nach den USA und Japan die drittgrößte Volkswirtschaft der Welt. Wenn wir uns im Gegensatz dazu den Stundenlohnfaktor anschauen, dann sieht das so aus: Sie können in China für dasselbe Geld, das hier ein einziger Arbeiter kostet, 16 Arbeiter einstellen."

Noch einmal: Dieser Text ist frei gesprochen, ohne jegliche Unterstützung durch PowerPoint. Wenn Sie das einmal live in der Zwei-Versionen-Gegenüberstellung erlebt haben, werden Sie mir recht geben: PowerPoint verhindert Wirkung!

Zweites Beispiel

Hier das voll beschriftete Schaudiagramm:

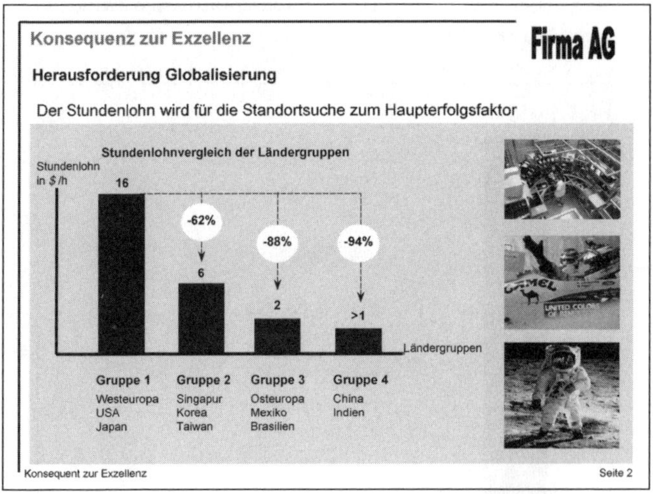

Der Zuschauer kann alle Information selbst ablesen. Der Referent könnte eigentlich ebenso gut schweigend daneben stehen. Hier der Vorschlag mit meiner früher propagierten Methode.

Der Referent spricht:

„Sehen wir uns einmal den durchschnittlichen Stundenlohn für einen Arbeiter in Westeuropa, USA und Japan an. (Klick, ein leerer Bildschirm mit einem einsamen waagrechten Strich erscheint)

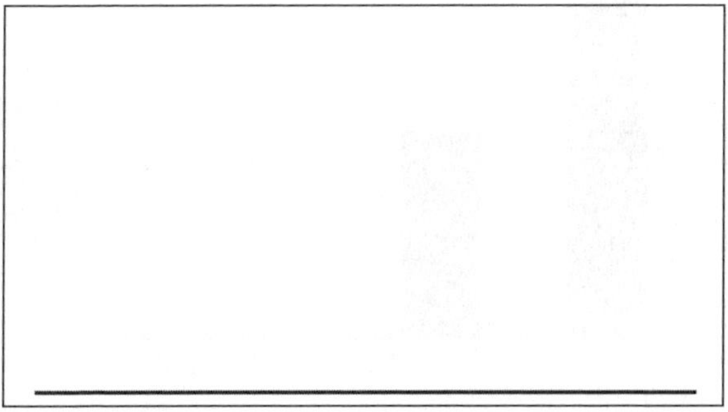

Wir haben hier bei uns einen durchschnittlichen Stundenlohn von (Klick)

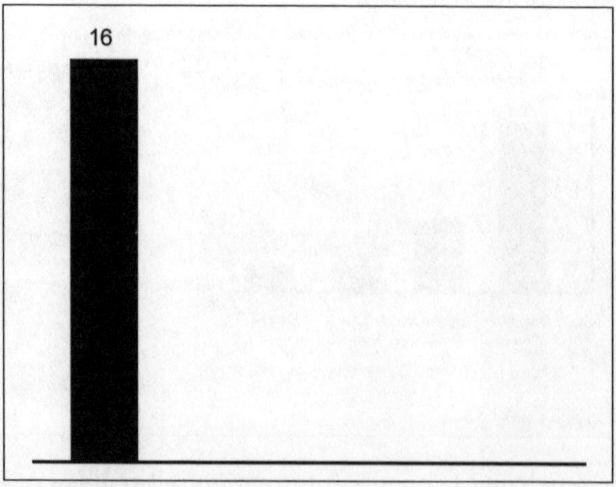

sechzehn Dollar.

In den Tigerstaaten Singapur, Korea und Taiwan sieht es so aus: Da arbeitet ein Arbeiter für (Klick)

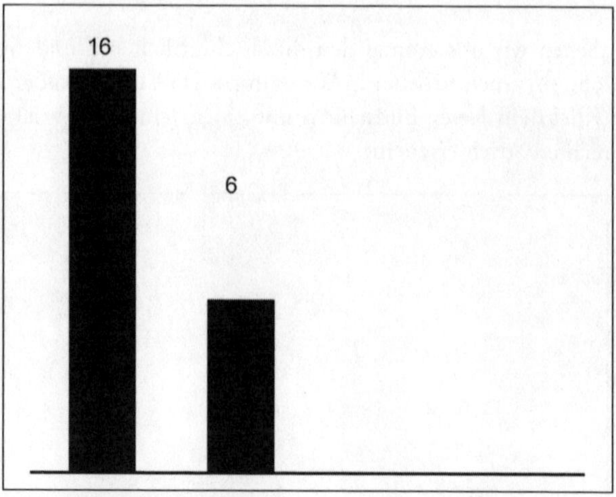

sechs Dollar die Stunde.

Doch es gibt eine Ländergruppe, die noch billiger ist: Osteuropa, Mexiko, Brasilien. Da arbeitet ein Arbeiter für (Klick)

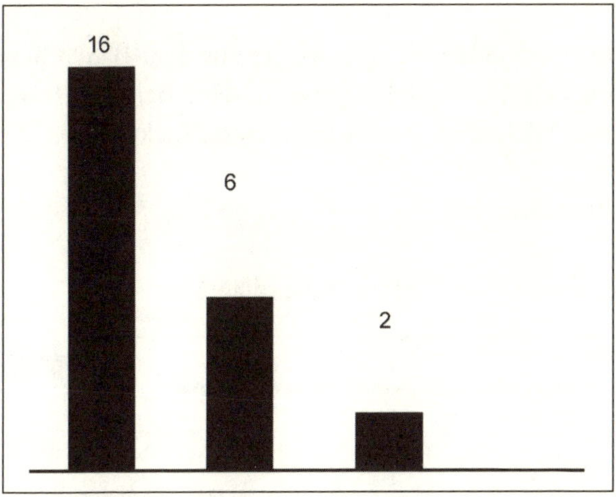

zwei Dollar die Stunde!

Und jetzt kommen wir zu Indien. Hier arbeitet ein Arbeiter für (Klick)

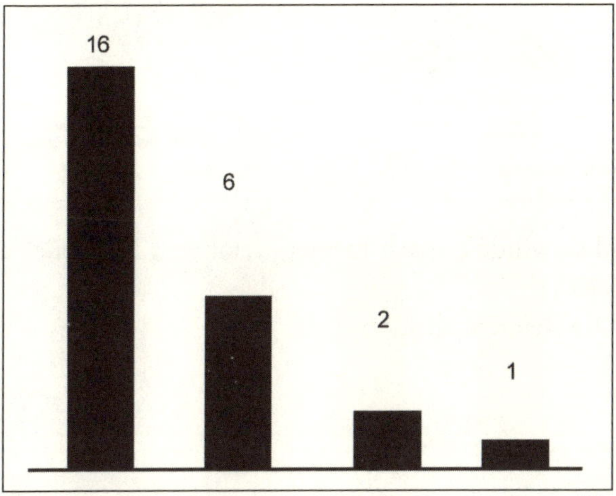

einen Dollar die Stunde. Das heißt: Für den Lohn eines Arbeiters in Deutschland können Sie in Indien 16 Leute arbeiten lassen."

Bitte entscheiden Sie nun wieder aus dem Bauch heraus: Wo haben Sie mehr Lust empfunden? Beim Volltextdiagramm von Seite 45 oder bei dieser „Nacktversion"?

Drittes Beispiel

Hier das voll beschriftete Schaudiagramm:

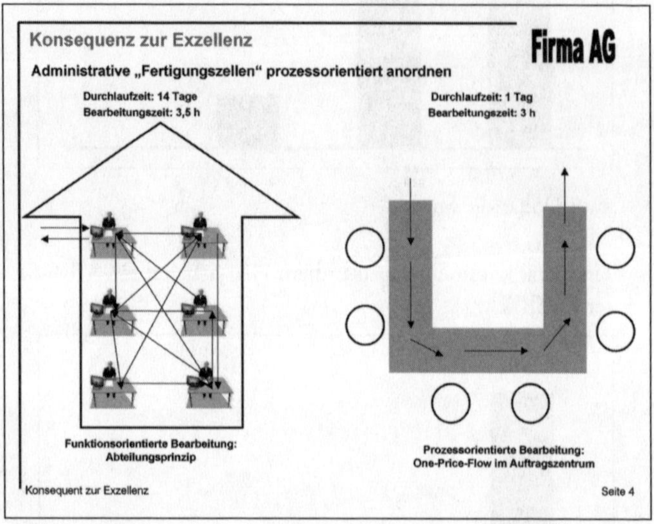

Und so würde es nach meiner „veralteten Methode" aussehen.

Der Referent spricht:

„In Ihren Firmen sieht es so aus: (Klick)

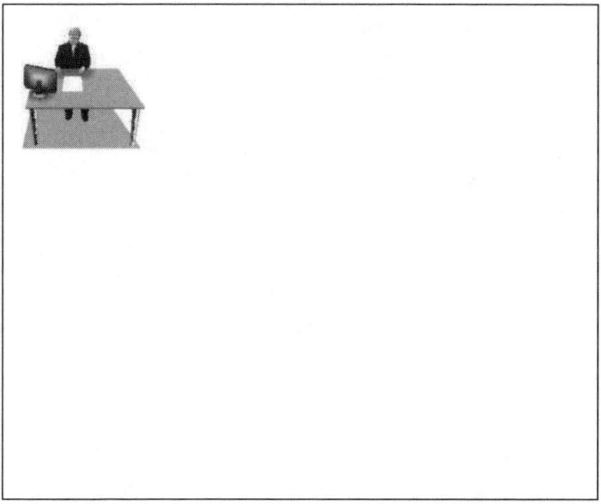

Es wird zum Beispiel ein Motor zusammengebaut. Zuerst wird in der Rohgehäuseabteilung der Rohling von einem Arbeiter entgratet. Dann wird er gelagert, und anschließend kommt er in die Galvanisierungsabteilung. (Klick)

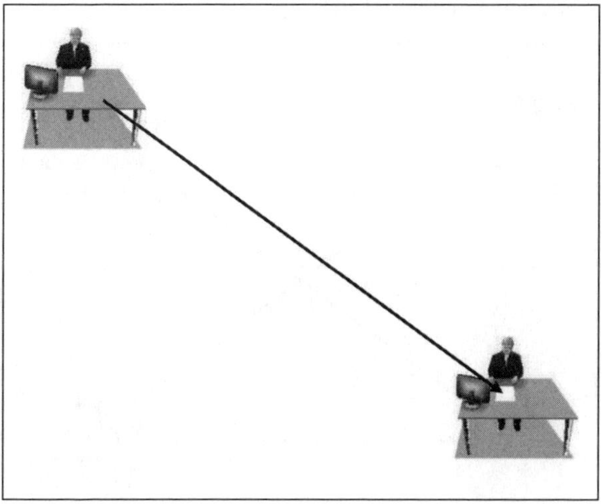

Dort wird der Block mit einer Legierung beschichtet. Dann wird er gelagert, und anschließend kommt er in die Elektroabteilung. (Klick)

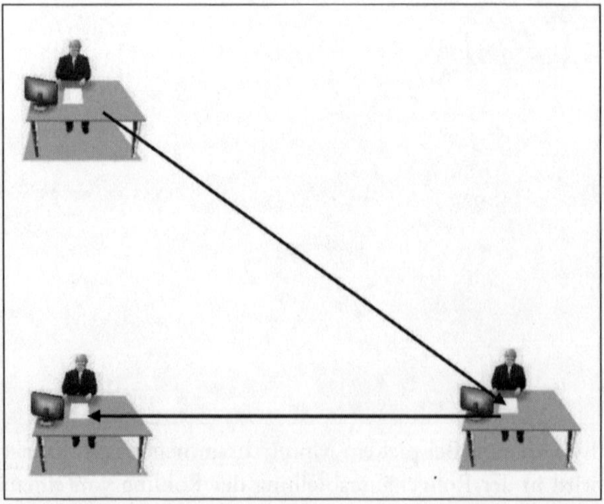

Dort wird die elektrische Magnetspule eingebaut. Dann wird er gelagert, und anschließend kommt er in die Sensortechnikabteilung. (Klick)

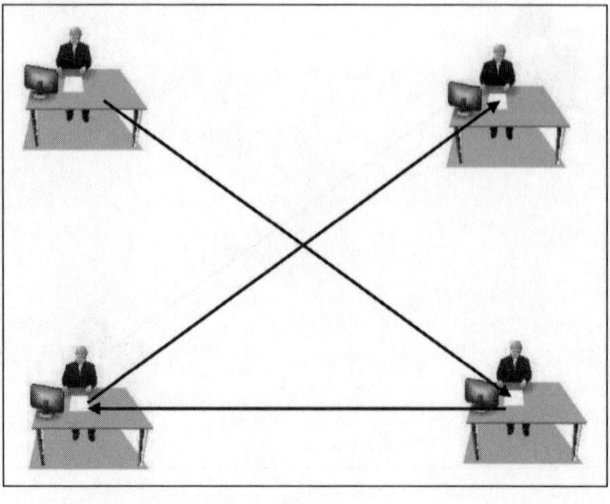

Dort werden die Sensoren eingebaut. Dann wird er gelagert, und anschließend kommt er in die Verkabelungsabteilung. (Klick)

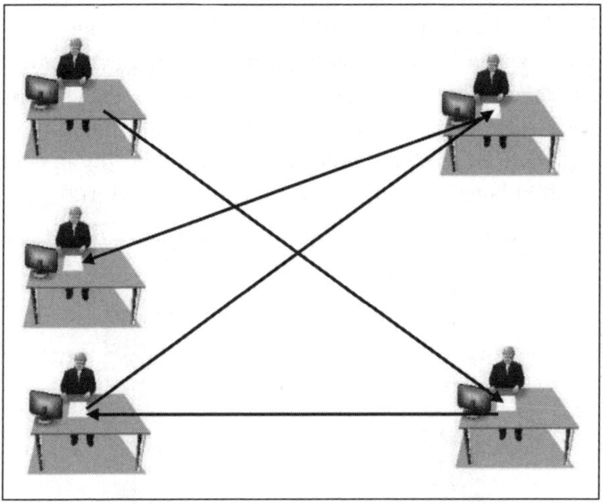

Dort werden die Verkabelungen eingebaut. Dann wird er gelagert, und anschließend kommt er in die Gehäuseabteilung. (Klick)

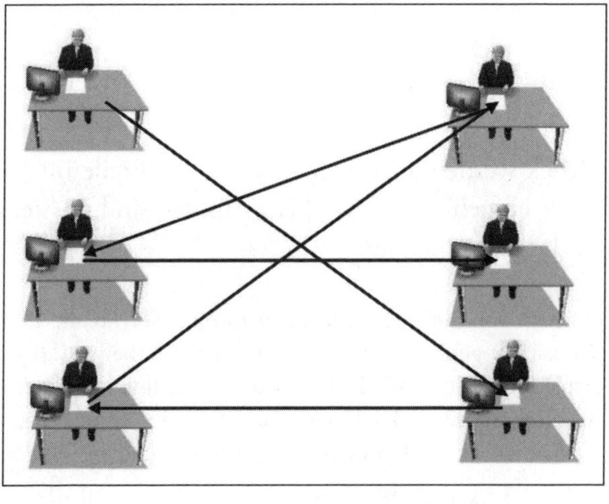

Dort wird das Gehäuse eingebaut. Und von dort kommt das Werkstück schließlich ins Auslieferungslager. Wir haben gemessen, dass bei dieser Art der Produktion das Werkstück 3,5 Stunden in den Händen der Arbeiter ist. Die Durchlaufzeit hingegen beträgt (Pause) 14 Tage!
Wenn wir in Ihrem Unternehmen waren, wird das anders aussehen. Wir organisieren die Produktion nicht mehr nach Abteilungen, sondern organisieren die Produktion nach dem zu produzierenden *Endprodukt*. Alle, die an dem Produkt beteiligt sind, befinden sich an einem Ort."

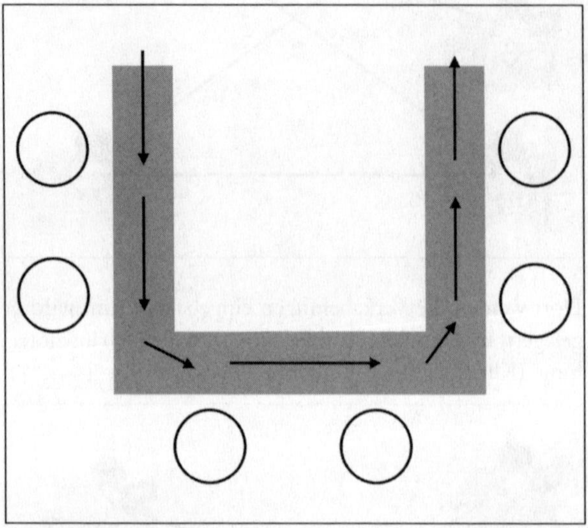

Auf Klick werden jetzt nacheinander die Pfeile im Laufe der Rede eingeblendet. Aus Platzgründen sind sie hier alle im Endergebnis gezeigt.

„Dies ist von oben gesehen eine u-förmige Werkbank. Das Werkstück geht vorn hinein, zum ersten Arbeiter (klick, erster Pfeil erscheint). Dann wird der Rohling von einem Arbeiter entgratet (klick, nächster Pfeil). Er gibt ihn weiter: Der Block wird mit einer Legierung beschichtet (klick,

nächster Pfeil) und weitergegeben: Die elektrische Magnetspule wird eingebaut (klick, nächster Pfeil).
Der Block geht weiter: Die Sensoren werden eingebaut (klick, nächster Pfeil). Der Block geht weiter: Die Verkabelungen werden eingebaut (klick, nächster Pfeil).
Und zum Schluss wird das Gehäuse darum herum gebaut. Die Bearbeitungszeit für das Werkstück beträgt hier drei Stunden. Die Durchlaufzeit war vorher 14 Tage – mit diesem System ist es (Pause) ein Tag!"

Bitte entscheiden Sie nun wieder aus dem Bauch heraus: Wo haben Sie mehr Lust empfunden? Beim Volltextdiagramm von Seite 48 oder bei dieser „Nacktversion"?

Ein amerikanischer PowerPoint-Kritiker

Edward Tufte aus den USA ist ein erklärter PowerPoint-Gegner. Aber selbst er findet, dass ein Zahlenchart wie dieses hier[3] noch als „good" eingestuft werden kann.

Scheidungsraten, gemäss Länderaufteilung

	Standesamtlich geschieden			
	1990	1995	2000	2004
Deutschland	23.8%	39.5%	46.4%	43.9 %
Schweiz	39.8 %	41.6 %	43.2 %	44.0 %
Österreich	38.8 %	43.2 %	46.0 %	46.1 %
Frankreich	30.0 %	33.0 %	33.4 %	37.6 %
Italien	27.2 %	29.8 %	31.4 %	34.3 %
Schweden	50.1 %	50.3 %	53.1 %	55.1 %
Niederlande	32.2 %	34.1 %	35.8 %	37.2 %
Polen	16.2 %	17.3 %	17.9 %	18.4 %
Norwegen	41.5 %	43.3 %	44.1 %	46.1 %

3 Aus: www.wired.com/wired/archive/11.09/ppt2.html, abgerufen im Juni 2006

Wenden wir einmal meine „alten“ Regeln darauf an:

- Das Chart fällt beim Zwei-Sekunden-Lust-Unlust-Test durch.
- Die Überschrift verhindert Wirkung.
- Es handelt sich um einen selbsterklärenden Text, der den Redner überflüssig macht.
- Alle Ergebnisse sind mit einem Schlag eingeblendet. Spannung kann nicht entstehen.
- Nun ja, immerhin hat er auf ein Firmenlogo verzichtet!

Wie die meisten anderen PowerPoint-Kritiker leider auch sagt Edward Tufte nur, dass PowerPoint *falsch* eingesetzt wird.

Meine Ansicht zu PowerPoint heute

Sie erinnern sich: Früher predigte ich, man müsse PowerPoint nur *richtig* einsetzen, dann könne es funktionieren. Heute denke ich anders.

PowerPoint verfügt über eine Funktion, die überraschenderweise nur sehr wenigen Anwendern bekannt ist. Es handelt sich um die Taste „B“ auf Ihrer Tastatur – „B“ wie „Black“. Wenn Ihre PowerPoint-Animation läuft und Sie diese Taste drücken, schaltet sich Ihr Bildschirm sofort aus – er ist nicht weiß überblendet, nicht eingedunkelt, sondern komplett ausgeschaltet. Mein Tipp lautet: Halten Sie während Ihrer Präsentation durchgehend die Taste „B“ gedrückt.

Heute sieht meine Lösung für PowerPoint so aus:

Setzen Sie PowerPoint für Präsentationen gar nicht mehr ein! Aber keine Sorge, die Anschaffung war nicht umsonst: Sie können PowerPoint getrost weiter benutzen – für Bildschirmpräsentationen auf Ihrer Homepage, für Memos zum Weiterverschicken, als Handout-Erstellungs-Tool oder als Animation am Messestand. Aber bei Präsentationen vor Publikum erreichen Sie *ohne* PowerPoint um ein Vielfaches mehr Wirkung.

PowerPoint als Stichwortzettel

Wenn ich für einen vollständigen Verzicht auf PowerPoint plädiere, höre ich am häufigsten folgenden Einwand: „Aber PowerPoint ist mein roter Faden. Wenn ich das weglasse, dann muss ich mir ja alles auswendig merken."

Falsch! Angenommen, Sie sind in Ihrem Büro schon so modern eingerichtet, dass Sie einen Drucker besitzen. Dann haben Sie die großartige Möglichkeit, Ihre komplette PowerPoint-Präsentation *auf Papier* auszudrucken und sie bei Ihrem Vortrag vor sich auf den Tisch zu legen. Anstatt Ihren Blick auf den Laptopbildschirm zu richten, sehen Sie eben auf das Papier, das haargenau dieselbe Information enthält. Nur diesmal sieht das Publikum nicht, was Sie sehen – die Spannung bleibt erhalten! So einfach ist das.

Die Ausnahmen vom PowerPoint-Verzicht

Es gibt keine Regel ohne Ausnahme, so auch hier. Es sind ein paar Ausnahmefälle denkbar, in denen Sie PowerPoint einsetzen können – weil es in diesen Fällen zur Wirkungssteigerung statt zur Wirkungsvernichtung beiträgt. Aber freuen Sie sich nicht zu früh: Das heißt jetzt noch lange nicht, dass ich PowerPoint wieder über die Hintertür einführen möchte. PowerPoint bleibt prinzipiell verboten, aber es gibt wenige Ausnahmen, wo man es benutzen kann.

Um es noch einmal klar zu sagen: Ich rede hier nicht von PowerPoint im Einsatz für Homepage-Animationen, Memos oder Handouts. Ich rede nur von PowerPoint als unterstützenden Einsatz bei Reden, Vorträgen und Präsentationen.

Erste Ausnahme: Fotos

Fotos kann man mit PowerPoint zur Wirkungssteigerung des Vortrags einsetzen. Aber dabei sind einige Regeln zu beachten. Ich habe sie aufgestellt, denn dadurch wird Spannung und Wirkung aufgebaut.

Ich coachte ein Architekturbüro zur Verbesserung seiner Akquisepräsentationen. Das Architekturbüro war spezialisiert auf die Planung von Verwaltungsgebäuden,

Krankenhäusern und Chipfabriken. Bei der üblichen Firmenvorstellung wurden auf einer Folie bereits gebaute Gebäude als Referenz eingeblendet. Einmal ganz abgesehen von der überflüssigen Überschrift, überflüssigen Bilduntertexten und überflüssigen Grafikelementen waren auf der Folie fünf (!) Fotos untergebracht. Das widerspricht einer meiner rhetorischen Grundregeln: Aufmerksamkeit muss fokussiert und darf nicht dividiert werden. Daraus leitet sich die folgende Regel ab:

> Es darf nur ein einziges Foto auf der Folie abgebildet sein – und das immer flächendeckend.

Kleine Redner bringen kleine Fotos, große Redner bringen große Fotos. Mehrere Fotos auf einer Seite verbieten sich. Daraus machen Sie dann jeweils eine neue Folie (falls überhaupt alle Fotos nötig sind).

Große Fotos wirken wuchtig – damit wirkt auch Ihr Anliegen wuchtig!

Ich coachte einmal einen Zahnarzt, der einen Vortrag über Parodontose halten sollte. Er hatte mehrere Fotos und fotorealistische Zeichnungen in seinen Vortrag aufgenommen, die die Parodontose in verschiedenen Stadien zeigten. Die Fotos waren mit erklärenden Texten übersät. Das widerspricht der Regel, dass eine selbsterklärende Folie eine schlechte Folie ist.

> Ein Foto muss immer ohne jeglichen Text und ohne Firmenlogo abgebildet werden.

Im Medizinbuch sind solche beschreibenden Texte wichtig, da ja kein Redner dabei ist. Aber bei einer Präsentation macht sich der Redner dadurch überflüssig, die Aufmerksamkeit wird dividiert, und die Spannungskurve flacht gegen null ab.

Ich coachte den Inhaber einer Lebensmittelkette für einen Vortrag auf einem Lebensmittelhändlerkongress. Seinen 35 Folien starken PowerPoint-Vortrag strich ich auf fünf *Fotos* zusammen – alles andere flog raus. Die meisten PowerPoint-Benutzer gehen so vor: Zuerst knipsen sie die Folie an, und dann reden sie über das, was jeder sieht. Jetzt verrate ich Ihnen einen goldenen Trick, mit dem Sie sich von allen anderen PowerPoint-Folienlegern unterscheiden können. Sie können riesige Spannung aufbauen, wenn Sie folgende Regel beachten:

Projizieren Sie zunächst das Foto mit Worten auf die geistige Leinwand Ihrer Zuhörer, ohne es anzuknipsen – erst dann schalten Sie es ein.

Dadurch wird jedes Foto zu einem kleinen Krimi. Schauen Sie sich an, wie wir das bei meinem Lebensmittelketteninhaber umgesetzt haben (die PowerPoint-Animation war natürlich über die Taste „B“ ausgeschaltet):

> „Wir haben immer wiederkehrende Erkennungsmerkmale in all unseren Läden, Sie werden es gleich auf einem Foto sehen: Alle Fußböden sind grün und alle Decken rosa. Zusätzlich werden die Decken mit blauem Licht angestrahlt. Die Regale sind von unten beleuchtet und lassen dadurch die Ware scheinbar schweben. Und so sieht das in unserem Markt Düsseldorf aus.“

Erst *jetzt* klickt er das Foto an. Bis hierher werden die

Leute „heiß“ auf das Foto. Sie erzeugen ein zusätzliches Spannungselement. Damit Sie aber zu Ihrem Foto noch etwas zu erzählen haben, sparen Sie sich etwa die Hälfte der Information auf und geben sie erst preis, *nachdem* Sie das Foto angeklickt haben.

> „Hier sehen Sie den grünen Fußboden, die rosa Decke, die blau angestrahlt wird. Hier können Sie die Beleuchtung der Regale von unten sehen. Über den Regalen sehen Sie die stets handgeschriebenen Kreidetafeln. Achten Sie bitte auf den subjektiven Eindruck der Warenfülle. Da denkt man doch: Man kann in Ware baden. Hier oben ebenfalls eine Besonderheit all unserer Märkte: die unverkleidete Decke …“

Zweite Ausnahme: Aktienkurven

Ich gab ein Inhouse-Seminar für Finanzdienstleister, bei dem mir ein PowerPoint-Chart mit Aktienkurven zur Beurteilung vorgelegt wurde. Ich sah es mir an und sagte: „Das ist nicht verkehrt. So kann man das machen, aber es ist eben nur die zweitbeste Version. Wenn Sie es anders aufziehen, erzielen Sie dreimal so viel Wirkung.“ Ich erklärte, wie ich mir das vorstellte, und daraufhin veranlasste der Chef einen seiner Mitarbeiter, meine Vorschläge während der Mittagspause in die Folien einzubauen. Am Nachmittag kam er mit dem Resultat. Er zeigte zunächst die ursprüngliche Version und direkt im Anschluss die überarbeitete Version. Alle zwölf anwesenden Seminarteilnehmer fanden die neue Version eindeutig besser.

Ich habe festgestellt, dass Aktienkurven besser mit PowerPoint kommen als mit der nachfolgend vorgestellten Methode – einmal aus Gründen der Glaubwürdigkeit, und zum Zweiten kann man hierfür PowerPoint zur showartigen Inszenierung nutzen.

Dies war die Ausgangslage: (Klick)

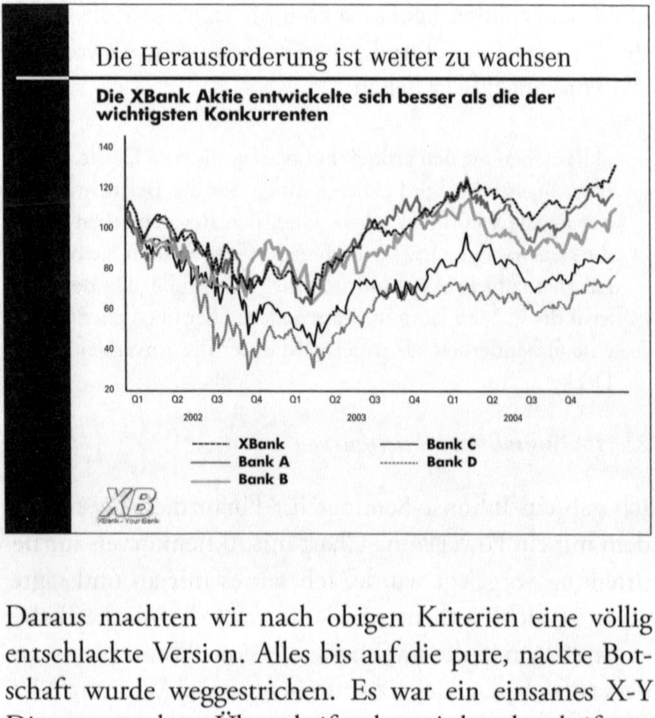

Daraus machten wir nach obigen Kriterien eine völlig entschlackte Version. Alles bis auf die pure, nackte Botschaft wurde weggestrichen. Es war ein einsames X-Y Diagramm ohne Überschrift ohne Achsenbeschriftung zu sehen.

> „Wenn Sie Anfang 2002 Aktien von fünf Anlagebanken gekauft hätten und wir hätten dort den Wert auf 100 nivelliert, dann hätte sich das bis 2004 folgendermaßen entwickelt. Zunächst hier drei unserer Mitbewerber." (Klick)

An diesem Punkt liefen die Aktienkurven animiert von links nach rechts in etwa vier Sekunden bis zum Ende durch. Sie müssen sich diese Kurven in Farbe und bewegt vorstellen. Hier sehen Sie nur das Endergebnis.

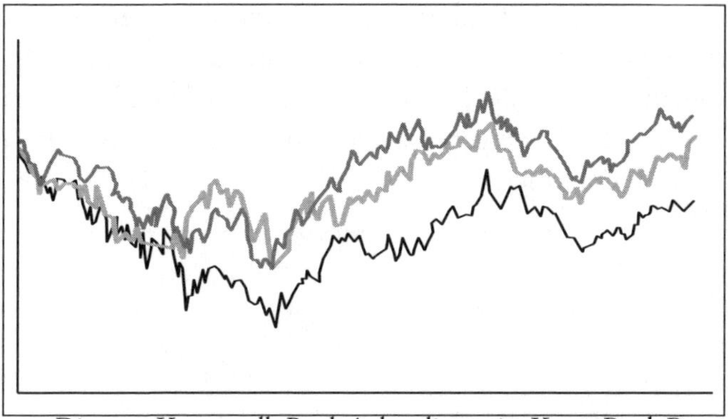

„Die erste Kurve stellt Bank A dar, die zweite Kurve Bank B und die dritte Bank C. (Pause) So hat unsere Bank abgeschnitten." (Klick)

Jetzt lief die Aktienkurve der eigenen Bank von links nach rechts in etwa vier Sekunden bis zum Ende durch. Sie müssen sich die Kurven in Farbe und bewegt vorstellen. Hier sehen Sie nur das Endergebnis. Die neu erschienene Kurve ist die oberste.

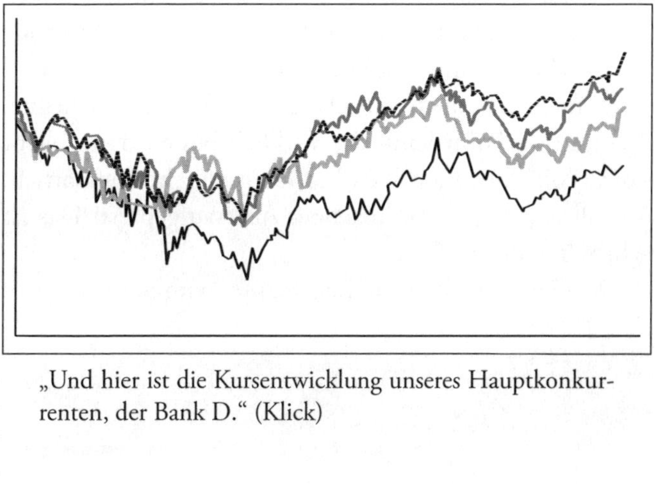

„Und hier ist die Kursentwicklung unseres Hauptkonkurrenten, der Bank D." (Klick)

Jetzt lief die Aktienkurve des Hauptkonkurrenten von links nach rechts in etwa vier Sekunden bis zum Ende. Sie müssen sich die Kurven bewegt vorstellen. Hier sehen Sie nur das Endergebnis. Die neu erschienene Kurve ist diesmal die unterste.

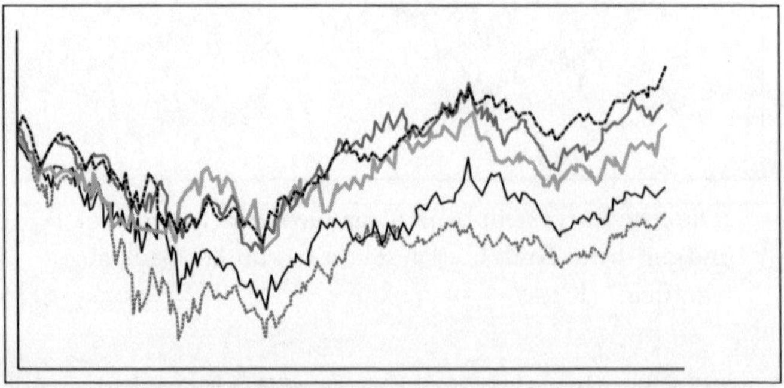

So machen Sie Eindruck!

Wenden Sie die Zwei-Versionen-Methode an

Ich bin ein pragmatischer Mensch: Wenn jemand eine PowerPoint-Folie bringt und fragt, ob ich sie für brauchbar halte, versuche ich, denselben Inhalt mit meiner im folgenden Kapitel ausgeführten alternativen Methode darzustellen. Dann vergleiche ich beide Versionen und lasse meinen Bauch entscheiden. Wenn ich erkenne: Nein, PowerPoint kann das wirklich besser, dann bleibt PowerPoint bestehen – da bin ich gar nicht dogmatisch. So sollten es auch Sie machen. Aber aufgepasst! Das ist sehr selten der Fall!

Die eher ernüchternde Regel lautet nämlich:

Ein erstklassiger Redner reduziert durch den Einsatz von PowerPoint seine Rede zu einem zweitklassigen Vortrag.

Die Alternative zu PowerPoint

Ich gebe zu, dass ich nun sehr lange und ausführlich gegen PowerPoint geschossen habe. Und mir ist natürlich klar: Nur zu sagen, wie es nicht geht, nützt Ihnen im Grunde nichts. Sie müssen wissen, was Sie *stattdessen* tun können. Aber keine Angst, ich lasse Sie nicht allein. Sie erfahren von mir nicht nur, wie Sie auf ewig auf PowerPoint verzichten können, sondern auch, wie Sie einen Faktor an Wirkung dazugewinnen.

Wenn Sie diese Alternativmethode einmal live erlebt haben oder sie sogar einmal selbst angewandt haben, werden Sie sich die Frage stellen: „Wieso habe ich das nicht schon immer so gemacht? Mein Beamer bleibt in Zukunft zu Hause.“ Wer einmal Laufen gelernt hat, will nie wieder krabbeln.

Wenn Sie ein x-beliebiges Rhetorikseminar besuchen, wird sich immer eine Unterrichtseinheit mit den Vor- und Nachteilen unterschiedlicher Präsentationshilfsmittel befassen. Man wird Ihnen das Whiteboard vorstellen, Pinnwand, Filmvorführung, Overheadprojektor und schließlich natürlich auch PowerPoint und Beamer. Nicht so bei mir. Das können Sie alles in der Asservatenkammer lassen. Denn es gibt ein Hilfsmittel, das alle anderen um Längen schlägt, bei dem die meiste Energie fließt, mit dem Sie die beste Show inszenieren können. Dieses Hilfsmittel ist das … FLIPCHART.

Das Flipchart zu benutzen heißt, unplugged zu spielen. Das englische *unplugged* bedeutet, ein Instrument auf der Bühne spielen – und zwar ohne Verstärker, ohne Hall, ohne technisches Brimborium, nur das pure, reine Instrument. Unplugged übertragen auf unseren Fall bedeutet:

Der Redner ist allein, mit einem weißen Blatt Papier und einem einsamen Stift. Damit beeindrucken Sie die Zuhörer am meisten.

Das Flipchart als Medium ist zehnmal wirksamer als PowerPoint. Selbst hartnäckige PowerPoint-Gralshüter haben schon klein beigegeben, nachdem ich sie im Seminar dazu gebracht hatte, ihre PowerPoint-Folien gegen Stift und Flipchartblatt auszutauschen. Die meisten gestehen dann kopfschüttelnd, dass es auch ihnen selbst wesentlich besser gefällt.

Ich werde Ihnen im Folgenden 14 von mir entwickelte Tricks verraten, wie Sie am Flipchart ein David Copperfield werden und sich wohltuend von allen Sie umgebenden Dorfzauberern abheben können. Gut aufgepasst!

Das Problem für die nachfolgenden Beispiele ist lediglich, dass Sie sie *lesen* werden. Um den echten Wirkungsunterschied zu erfahren, müssten Sie es live *erleben*. Das ist eben der große Nachteil eines Buches im Vergleich zum Seminar. Es ist derselbe Unterschied, eine Bühnenshow von David Copperfield live in einer großen Halle zu erleben oder das Regieskript dazu zu lesen. Wenn Sie wirklich besser werden wollen, empfehle ich Ihnen deshalb dringend den Besuch eines Seminars.

Mit dem Flipchart, sofern es richtig eingesetzt wird, können Sie eine Show inszenieren. Das Wie ist allerdings auch hier entscheidend. Auf den folgenden Seiten erfahren Sie das von mir entwickelte Knowhow dazu. Lesen Sie einmal folgende Rede:

> „Unsere Firma hat letztes Jahr einen Umsatz von 6,3 Millionen gemacht. Sehen Sie: Unsere ganze Branche hat es im Moment schwer. Nicht nur wir als Einzelfirma, sondern alle sind davon betroffen. Die Umsatzzahlen der Branche sind seit zwei Jahren rückläufig, und die Tendenz

zeigt auch für dieses Jahr nach unten. Wir haben uns jetzt ein Umsatzziel für nächstes Jahr gesteckt. Wie gesagt, wir hatten letztes Jahr einen Umsatz von 6,3 Millionen. Nächstes Jahr werden wir einen Umsatz erreichen von (Pause):

10 Millionen Euro!"

So machen Sie das! Sie schreiben mit großen Lettern die Zahl, die Sie sprechen, noch einmal auf das Flipchart. Das beeindruckt.

Sie wären niemals so beeindruckt gewesen, hätte man Ihnen im Vergleich dazu dieselbe Info mit PowerPoint mittels einer Folie präsentiert, auf der die spannende

Überschrift „Umsatzziel 2007“ und darunter der noch spannendere Satz zu lesen steht:

„Trotz schwieriger Branchenkonjunktur beträgt unser angestrebtes Umsatzziel 10 Millionen.“

Schreiben Sie in dem Moment, wo Sie darüber reden, wichtige Kennziffern aufs Flipchart – das *verstärkt* die Wirkung.

Trick 1: Die Stiftgröße

Benutzen Sie nur die größten, dicksten Stifte, die Sie bekommen können. Warum? Sehen Sie sich einmal die beiden unten stehenden Abbildungen an.

Große Redner haben Großes mitzuteilen. Und sie haben *große* Stifte. Deshalb nehmen Sie bitte immer Ihre eigenen Stifte mit, denn selbst die größten Seminarhotels stellen Ihnen oft genug nur minderklassige, halb ausgetrocknete Kleinststifte zur Verfügung.

Trick 2: Der Akt des Erschaffens

Haben Sie schon einmal ein Fußballspiel im Fernsehen live miterlebt? Dann werden Sie wissen, dass die Wirkung des Live-Erlebnisses, wenn Sie das Ergebnis in seiner Dramaturgie entstehen sehen, mit der Wirkung der Meldung, die Sie in der Zeitung lesen, nicht annähernd vergleichbar ist.

Ich möchte Sie noch einmal auf die Problematik des Mediums Buch aufmerksam machen. Die Handlungsanweisung für das Flipchart hier zu lesen oder das Ganze live zu erfahren sind verschiedene Welten. Wenn Sie die Anwendung eines Flipcharts in der Gegenüberstellung zu PowerPoint einmal erlebt haben, werden Sie sagen: Ja, so ist es wirklich besser!

Vor allem ein Irrtum hält sich in Bezug auf Overheadprojektor und Beamer hartnäckig. Viele Menschen meinen, es sei das *Ergebnis*, das die Wirkung ausmacht: die letzten Umsatzzahlen, die aufgelisteten Strategieelemente oder das Funktionsdiagramm auf der fertigen Folie. Aber es ist nicht das Ergebnis, das Wirkung bringt, sondern der Akt des Erschaffens – der Akt des Erschaffens durch einen lebendigen Menschen. Das haben die wenigsten verstanden. Wenn Sie etwas am Flipchart kreieren, entsteht vor den Augen der Zuschauer eine Information. Es ist nicht das fertige Ergebnis, das die Menschen im Herzen berührt, es ist das *Entstehen*, das sie miterleben, und es ist das *Entstehen*, das die Botschaft vom Kopf in den Bauch bringt. Mit PowerPoint ist das unmöglich: Da wird nichts erschaffen, sondern nur Fertiges abgerufen.

Erinnern Sie sich an die eingangs erwähnte Geschichte von der Berliner Werbeagentur, die ich für eine Wettbewerbspräsentation coachte und die zwei Millionenaufträge erhielt? Am Schluss der Präsentation zeichnete der Firmeninhaber schweigend mit zwei v-förmigen Strichen die Schwingen eines stilisierten Vogels auf das Flipchart. Er drehte sich zum Auditorium. „Wir wollen mit Ihnen zu neuen Ufern fliegen." Dann drehte er sich wieder um und ergänzte den Vogel zum Logo des Autokonzerns Mazda: „Ich danke Ihnen!" Stellen Sie sich bitte vor, er hätte das Ganze perfekt mit PowerPoint realisiert. Sie spüren: Das hätte nur einen Abklatsch der Wirkung erzeugen können, die er tatsächlich erzielte. Ich wiederhole noch einmal: PowerPoint *verhindert* Wirkung!

Ausblick: Der Akt des Erschaffens bei der Ergebnisverkündung

Wenn Sie ein Haus planen, bauen und einrichten und der Fertigstellung entgegenfiebern, erfahren Sie die größte emotionale Beteiligung. Wenn das Haus fertig eingerichtet ist und Sie darin leben, spüren Sie nur noch einen Abklatsch der Gefühle, die Sie zuvor hatten.

Wenn Sie Autofahren lernen und Fahrstunde für Fahrstunde Fortschritte machen und der Fahrprüfung entgegenfiebern, erfahren Sie die größte emotionale Beteiligung. Wenn Sie den Führerschein schließlich besitzen und wie jeder andere fahren, spüren Sie nur noch einen Abklatsch der Gefühle, die Sie zuvor hatten.

Wenn Sie einem liebenswerten Menschen vom anderen Geschlecht zum ersten Mal begegnen und dem Moment entgegenfiebern, in dem Sie ihn für sich gewinnen können, erfahren Sie die größte emotionale Beteiligung. Wenn Sie den Menschen schließlich gewonnen haben und eine stabile Beziehung mit ihm führen, spüren Sie nur noch einen Abklatsch der Gefühle, die Sie zuvor hatten.

Nicht das Ergebnis ist interessant. Auch hier zeigt vor allem die Art und Weise, wie das Ergebnis erreicht wurde, Wirkung. Deshalb lassen Sie das Publikum miterleben, wie Sie zu Ihrem Ergebnis gekommen sind. Im Weg dorthin liegt das Geheimnis der Wirkung, aber nicht im Ergebnis selbst.

Trick 3: Sprechbeginn

In diesem Abschnitt wird es besonders schwierig, die Funktionsweise spürbar zu machen, da es sich hier um ein akustisches Spannungselement handelt, Sie aber diese Zeilen nur lesen. Sie müssten den Unterschied in der Zwei-Versionen-Methode im Seminar live demonstriert bekommen, um die Wirkungsweise wirklich erfahren zu können.

Außer Ziffern schreiben Sie auch Kernbotschaften oder wichtige Einzelwörter auf das Flipchart. Notieren Sie bitte niemals Volltexte – nur Rumpftexte. Der Zuhörer darf mit dem Text ohne Ihre erklärenden Worte nichts anfangen können. Wenn Sie die Botschaft übermitteln wollen: „Die neue Maschine hat eine Neuerung, und zwar einen Turbolader“, dann schreiben Sie um Himmels willen nicht den ganzen Satz, auch nicht nur „Neuerung Turbolader“, sondern nur das Wort „Turbolader“ auf. Aber selbst wenn Sie wirklich nur dieses eine Wort schreiben, können Sie noch einiges „falsch“ machen.

Was nun folgt, ist eine Zufallsentdeckung von mir. Sie wird Ihnen gefallen. Schnallen Sie sich an! Ich schildere Ihnen in der Zwei-Versionen-Methode, wie das Schreiben auf dem Flipchart im Amateurverhalten und im Profiverhalten aussieht.

Zunächst der Amateur. Er sagt: „Die neue Maschine hat eine Neuerung, und zwar einen Turbolader." Er dreht sich zum Flipchart und schreibt das Wort „Turbolader" hin. Es vergehen etwa drei bis vier Sekunden, bis er es fertig geschrieben hat. In diesen vier Sekunden erleidet seine Show einen Einbruch, es sind vier Sekunden, die Langeweile verströmen. Denn jeder weiß bereits vorher, was da als Text hingeschrieben wird.

Wie macht es der Profi? Er sagt: „Die neue Maschine hat eine Neuerung, und zwar …" Auch er dreht sich zum Flipchart und schreibt langsam „T u r b o l", und erst jetzt, in dieser Sekunde, beginnt er wieder zu sprechen: „… einen Turbolader!" Der Unterschied ist der: Die Zuschauer sind in der Zeit, in der er schweigend die sechs Buchstaben „Turbol" schreibt, wie in einem Minikrimi gefangen. Sie wissen nicht, welches Wort dort gleich erscheint. Sie folgen dem Redner voller Neugier – *Spannung* ist entstanden.

Darauf achtet fast niemand. Aber Sie haben jetzt das Know-how, es in Zukunft wie ein Profi machen zu können.

Die Regel hierzu lautet:

> Sie schreiben die ersten Buchstaben des Wortes schweigend hin und fangen erst in der Sekunde zu reden an, wo die Zuschauer gerade noch nicht das Wort erkennen.

Bei Ziffern machen Sie es genauso, vor allem, wenn es längere Ziffern sind. Zum Beispiel die Zahl 345.000: Sie fangen erst in dem Moment an zu sprechen, da die Leute gerade noch nicht wissen, welche Zahl das wohl werden wird. In diesem Fall heißt das: erst nach der Ziffer „5“. Wer mich in Seminaren oder Vorträgen erlebt hat, wird bestätigen können, dass ich das diszipliniert immer und ohne Ausnahme durchziehe.

Durch diese Art des Schreibens entsteht Spannung in Ihrem Vortrag. Und zwar jedes Mal, wenn Sie etwas auf das Flipchart schreiben. Wenn Sie 15-mal etwas schreiben, entsteht 15-mal Spannung. Spannung aber ist eines der wichtigsten Elemente eines faszinierenden Vortrags. Denn Spannung ist ein Gefühl. Sie erreichen Ihre Zuhörer so auf der Gefühlsebene. Der zweite, fast noch wichtigere Punkt ist: Wenn Sie Spannung erzeugen, ist auch Ihr Anliegen „spannend“. Beides hängt unmittelbar zusammen, es lässt sich gar nicht trennen. Wenn Sie umgekehrt langweilig präsentieren, wird auf der unterbewussten Ebene auch Ihr Anliegen als langweilig aufgefasst. Und PowerPoint ist langweilig.

Trick 4: Zeichnen Sie immer eine Dimension mehr

Ingenieure, die den Datenaustausch zwischen unterschiedlichen Bausteinen darstellen, oder Finanzdienstleister, die Finanzströme zwischen Banken, Versicherungen und Steueramt abbilden wollen, zeichnen meist viereckige Kästen und möglichst viele Pfeile, um Geld- oder Datenströme zu verdeutlichen.

Hier eine Flipchartzeichnung, wie so etwas typischerweise aussieht:

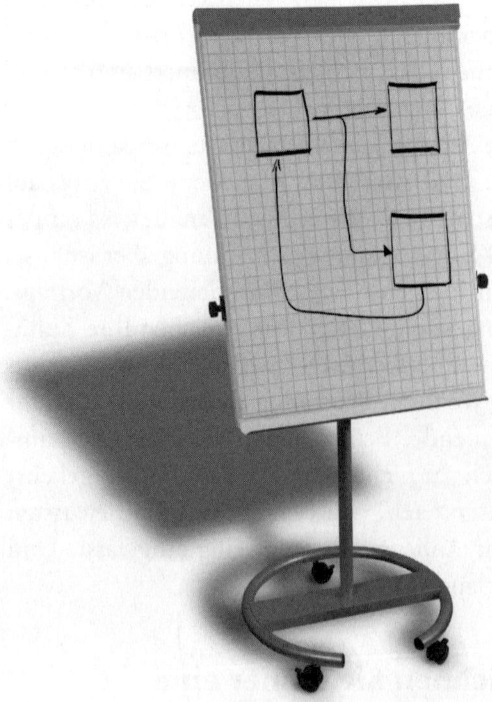

Treten Sie einmal, wenn Sie solch eine Zeichnung fertiggestellt haben, drei Schritte zurück und betrachten Sie Ihr Kunstwerk mit den Augen eines Hotelangestellten, der eben zufällig den Raum betreten und keine Ahnung hat, über was da gerade geredet wurde. In acht von zehn Fällen haben Sie nur Unlust auslösendes Chaos produziert. Jetzt versuchen Sie einmal folgenden Trick:

Sie gehen immer eine Dimension höher. Machen Sie aus den viereckigen Flächen dreidimensionale Kästen und aus den eindimensionalen Pfeilstrichen zweidimensionale Bänder. Die Pfeilspitzen werden zu ausgemalten Dreiecken.

Betrachten Sie jetzt bitte beide Zeichnungen im Vergleich. Spüren Sie, dass die dreidimensionalen Klötzchen mit den Pfeilen als Bänder doppelt so viel Ruhe ausstrahlen und doppelt so angenehm anzuschauen sind? Und vergessen Sie nicht: Wenn Ihre Zeichnung angenehmer anzuschauen ist, wird auch Ihr Anliegen angenehmer.

Mein Tipp: Nehmen Sie nun Papier und Stift zur Hand und zeichnen Sie dieses Flipchartbild ab, damit Sie ein Gespür für die dreidimensionale Darstellungsweise bekommen.

Die Regel hierzu lautet:

Zeichnen Sie anstelle von Vierecken immer dreidimensionale „Butterklötzchen". Aus Pfeilen machen Sie Bänder mit Dreiecken als Spitzen.

Einer meiner Coaching-Kunden war Inhaber einer Firma, die sich auf Industriedesign spezialisiert hatte. Sie gestalteten von der Bohrmaschine über Gabelstapler bis hin zu Hebekränen alles. Die Firma des Kunden besaß damals als einzige in ganz Deutschland eine Apparatur, die 250.000 Euro kostete. Damit konnte man das fertige Produkt noch vor dem ersten Modell in einer echten 3D-Darstellung vor seinen Augen entstehen lassen. Das Gerät konnte eine Bohrmaschine auf Autogröße aufblasen, drehen, wenden, von unten anschauen – und sogar von innen zeigen. Der Kunde zeichnete den Aufbau der Apparatur aufs Flipchart: der Betrachter mit seiner 3D-Brille mitten zwischen drei Stellwänden. So sah seine technische Vogelperspektiven-Zeichnung aus:

Ich machte ihm einen Vorschlag, wie er der Zeichnung nach den obigen Kriterien zu mehr Wirkung verhelfen konnte. Hier das Ergebnis:

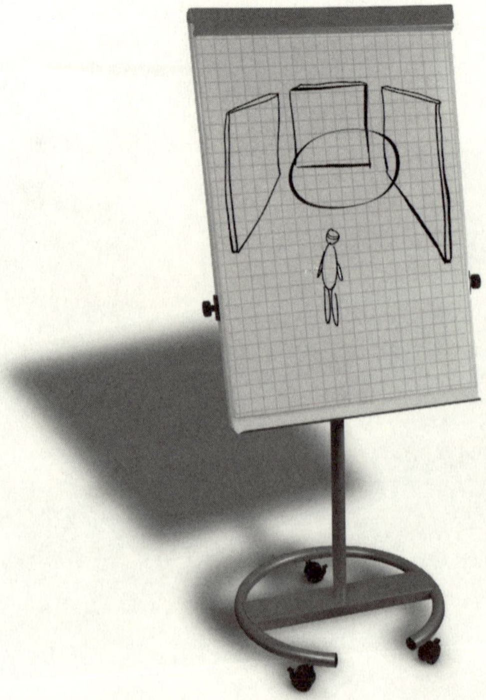

Schauen Sie sich bitte in Ruhe die beiden Zeichnungen an und lassen Sie sie auf sich wirken. Mit einer Dimension mehr haben Sie auch eine Dimension mehr an Wirkung. Beachten Sie auch die Zeichnung des Männchens. Es ist bewusst kein Strichmännchen, sondern ein Männchen, das aus lauter Ovalen zusammengefügt wurde. Auch das erzeugt höhere Anschaulichkeit.

Nehmen Sie nun wieder Papier und Stift zur Hand und zeichnen Sie zur Übung das obige Flipchartbild ab.

Hier noch zwei Beispiele, wie Sie mehr Wirkung erzielen, wenn Sie einzelne Symbole oder Zeichen nicht als einfache Striche, sondern als Bänder zeichnen.

Trick 5: Kleine Symbolzeichnungen

Unterstützen Sie Ihre Ausführungen durch kleine gegenständliche Zeichnungen. Das kann so aussehen: Wenn Sie von einem Sparpotenzial von 50.000 Euro reden, zeichnen Sie mit schnellem Strich ein Sparschwein, und auf den Bauch des Sparschweins schreiben Sie „50.000". Wenn Sie davon sprechen, dass als Prämie eine Flugreise ausgelobt wurde, zeichnen Sie mit schnellem Strich ein Flugzeug.

Wenn Sie davon sprechen, dass in der Abteilung zwei neue Mitarbeiter den Karren aus dem Dreck ziehen helfen, zeichnen Sie zwei Strichmännchen, die einen Wagen auf einer schiefen Ebene nach oben ziehen.

Unterschätzen Sie nicht die Wirkung. Der Vortrag wird nicht nur viel emotionaler, sondern es ist auch viel angenehmer und interessanter hinzuschauen. Und Sie wissen ja: Wenn es angenehmer und interessanter ist hinzuschauen, wird auch Ihr ganzes Anliegen als „angenehmer und interessanter“ empfunden.

„Den Wagen ziehen im Moment nur zwei Mitarbeiter – wir wollen, dass alle ziehen.“

„Die zwei Gewinner unseres Mitarbeiterwettbewerbs gewinnen eine …

… Flugreise nach Miami!"

Trick 6: Bewegen Sie

Kündigen Sie dem Publikum vielsagend an: „Ich zeige Ihnen jetzt etwas" – und dann schlagen Sie ein Flipchartblatt um … Schauen Sie schweigend Ihr Publikum an … und beobachten Sie die unglaubliche Spannung, die allein durch diese „Bewegung" beim Publikum ausgelöst wird.

Oder rücken Sie einmal schweigend das ganze Flipchart einfach einen Meter nach vorn. Schauen Sie Ihr Publikum an … und beobachten Sie die unglaubliche Spannung, die allein durch diese „Bewegung" beim Publikum ausgelöst wird.

Schlagen Sie ruhig auch einmal mit der flachen Hand auf das Flipchart! Sie glauben gar nicht, welcher Aufmerksamkeitsruck durch das Publikum geht, wenn Sie das tun. Es erfordert ein wenig Mut – aber Meinungsführer haben diesen Mut (versuchen Sie im Anschluss daran einmal, dieselbe Wirkung mit Ihrem Beamer zu erzeugen).

Wenn Sie mit dem Flipchart arbeiten, haben Sie das Präsentationshilfsmittel ausgewählt, das die mit Abstand höchste Wirkung von allen hat.

Trick 7: Balkendiagramme von Hand

Stellen Sie sich folgendes Szenario vor. Ein Redner zeichnet wortlos auf das Flipchart ein Achsendiagramm – ohne jegliche Beschriftung. Nur an der vertikalen Achse macht er einen kleinen Strich in halber Höhe und schreibt: „10 Millionen".

Nun sagt er:

> „Unsere Umsatzentwicklung in den letzten drei Jahren.“ (Er zeichnet von der Bodenlinie beginnend einen Balken bis knapp über die Marke 10 Millionen.) „2009 hatten wir einen Umsatz von 10,5 Millionen Euro.“
> (Dann zeichnet er daneben einen kleineren Balken und spricht:) „2010 hatten wir einen Umsatz von 8,8 Millionen Euro.“

(Dann zeichnet er daneben einen noch kleineren Balken:) „Im letzten Jahr 2011 hatten wir einen Umsatz von 7,9 Millionen Euro."

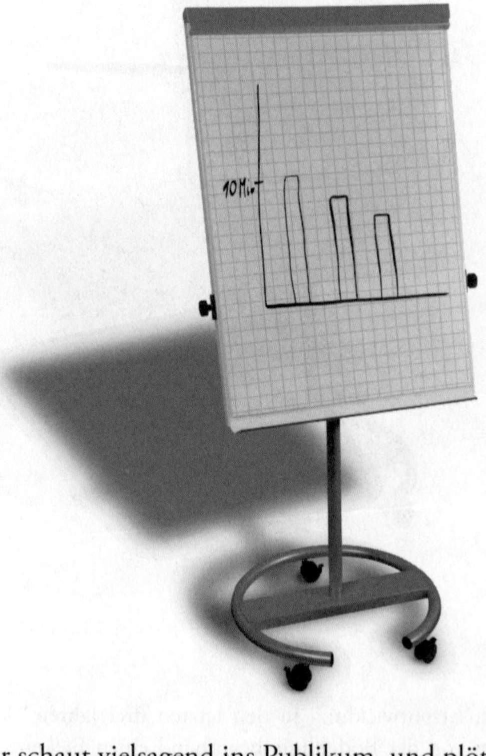

Er schaut vielsagend ins Publikum, und plötzlich zieht er energisch einen Strich durch die Spitzen der Balken von links oben nach rechts unten und verlängert ihn bis zur Nulllinie.

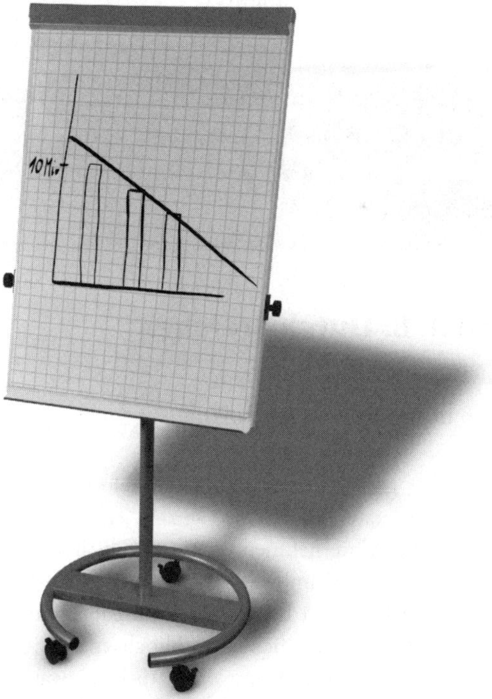

„Erkennen Sie etwas? Wir müssen *reagieren*! Und zwar jetzt!“

Versuchen Sie einmal, dieselbe Wirkung dieses lebenden Menschen und dieser lebendigen Zeichnung mit PowerPoint zu erzeugen! Es war immer so, und es wird immer so bleiben: *Menschen* überzeugen, nicht technische Hilfsmittel. Wenn Sie das einmal mit dem Flipchart live erlebt haben, werden Sie mir glauben: PowerPoint verhindert Wirkung!

Diagramme können Sie nicht nur selbst von Hand zeichnen – Sie müssen, wenn Sie Menschen bewegen wollen!

Die Regel hierzu lautet:

> Verzichten Sie auf Überschriften und Achsenbeschriftungen und zeichnen Sie nur das nackte Diagramm. Lediglich auf der Y-Achse markieren Sie einen Wert als Referenzpunkt.

Trick 8: Durchstreichen

Sie hören folgenden Vortrag:

> „Wir haben in unserem Unternehmen einen Unternehmensberater. Er hat uns gesagt, er könne alle Ausgaben unseres Unternehmens von den Gehältern über den Fuhrpark bis hin zum Materialeinkauf um 10 Prozent reduzieren. 10 Prozent bei unserem Ausgabevolumen wären …" (Er schreibt es dick aufs Flipchart.) „… 350.000 Euro Einsparung! Der Mann will natürlich etwas für seinen Service. Er wird uns im Erfolgsfall, und nur im Erfolgsfall, eine Rechnung stellen über …" (Er schreibt es dick aufs Flipchart.) „… 80.000 Euro. Und ich habe ihm gesagt: Wir machen den Deal. Aber das hier …" (Er streicht „80.000 Euro" auf dem Flipchart durch.) „… vergessen Sie. Wir zahlen ihm …" (Er schreibt es dick aufs Flipchart.) „… 50.000 Euro. Und jetzt warte ich auf sein Okay."

Mit so einem Auftritt avancieren Sie innerhalb von zwei Minuten zum Meinungsführer. In diesen Kurzvortrag war ein Element eingebaut, das sehr viel zur Wirkung des Meinungsführers beitrug. Der Trick besteht im Durchstreichen von Lösungen und Versionen, die sich nicht als gültig oder machbar erweisen. Damit streichen Sie diese auch gleichzeitig in den Köpfen der Zuschauer aus. Dafür benutzen Sie wenn möglich einen Rotstift.

Die Regel hierzu lautet:

> Streichen Sie Dinge, die Sie so nicht tolerieren wollen, mit großer Geste durch.

Ein klägliches Umsatzergebnis – Ausschussraten, die zu hoch sind – das Meckern über Kollegen – die Version der Konkurrenz in einer Wettbewerbspräsentation … Durchstreichen! Durchstreichen! Durchstreichen!

Sie signalisieren dadurch: „Nicht mit mir!“, „So nicht!“ oder „Das ist ab jetzt vorbei!“. Dieses Showelement trifft direkt in die Herzen der Zuhörer – und damit *bewegen* Sie im doppelten Sinn des Wortes etwas!

Denken Sie noch einmal an das Coaching der Berliner Werbeagentur. Auch dort haben wir das Element des Durchstreichens eingesetzt. Der Firmeninhaber malte stilisiert den Vorschlag des Mitbewerbers (den er als eigene Idee verkaufte) auf das Flipchart, erklärte, warum er ihn für Unfug hielt, und strich ihn dann mit Rotstift und großer Geste durch (siehe S. 20).

Trick 9: Schmale und dicke Balken

Schauen Sie sich bitte folgendes Bild an und erspüren Sie der subjektiven Zunahme vom kleinen zum großen Balken.

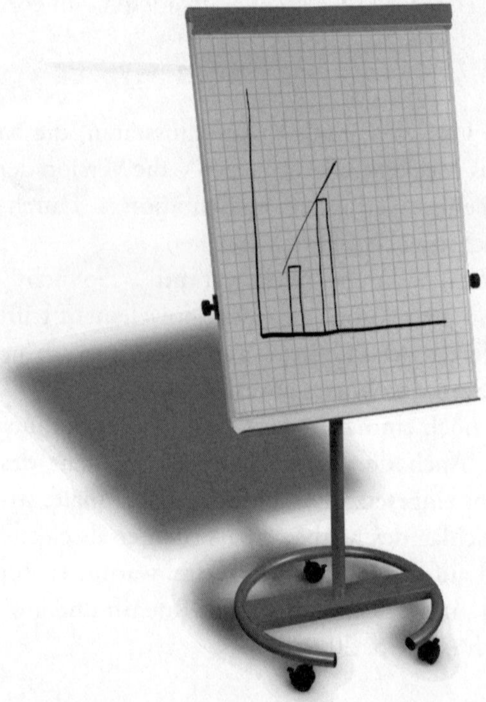

Und jetzt schauen Sie sich bitte folgendes Bild an und erspüren Sie auch hier der subjektiven Zunahme vom kleinen zum großen Balken.

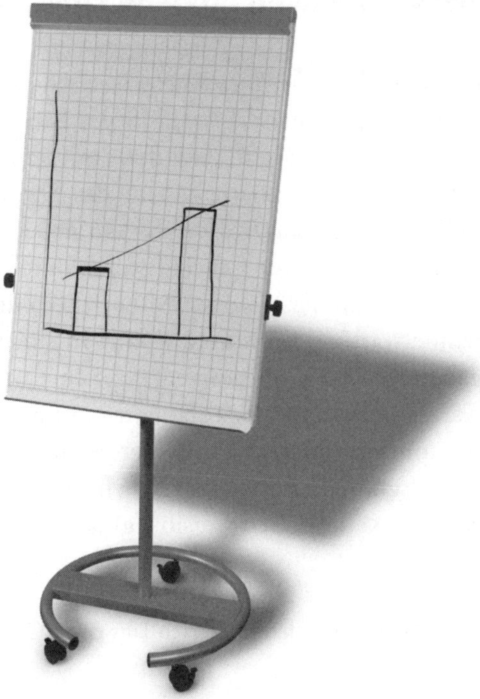

Man möchte es nicht glauben, aber die Balken sind in beiden Bildern exakt gleich hoch.

Hier die Regel:

Eine Zunahme wirkt umso größer, je dichter die Balken beieinander stehen und je dünner sie sind. Wollen Sie, dass die Zunahme klein wirkt, so zeichnen Sie dicke Balken, die weit auseinanderliegen.

Trick 10: Balken quälend langsam zeichnen

Ein Teilnehmer meines Rhetorikseminars war Geschäftsführer einer Ölhandelsfirma in der Schweiz. Diese handelte nicht mit Heizöl, sondern mit ganzen Tankerflotten(!). Diese Firma hatte im Lauf des Jahres eine Raffinerie in Texas dazugekauft. Das war ein neuer Geschäftszweig für die Firma. Der Geschäftsführer probte im Seminar eine Rede, in der er seinen Mitarbeitern die künftige Gewinnerwartung vermitteln wollte. In einer ersten Version gab er den Gewinn des vergangenen Jahres und den erwarteten Gewinn im neuen Jahr nur mündlich in Zahlen bekannt. Ich machte ihm einen Verbesserungsvorschlag, wie er seine Mitarbeiter noch mehr beeindrucken könnte. Mit der verbesserten Version ging er ans Flipchart und sagte:

> „Unsere Firma hat im letzten Jahr einen Gewinn …“

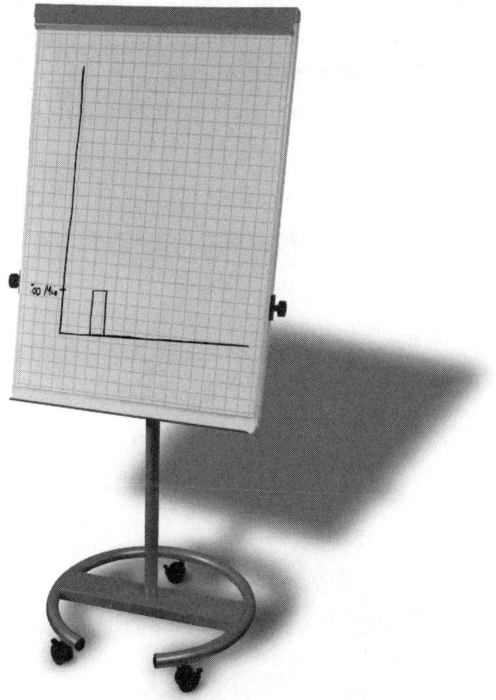

„... von 503 Millionen Franken erzielt. Wie Sie wissen, haben wir jetzt einen neuen Geschäftszweig. Wir haben zum ersten Mal in der Firmengeschichte eine Raffinerie gekauft. Der Gewinn, den wir nächstes Jahr erwarten, beläuft sich auf ...“

Jetzt setzte er den Stift rechts neben den Balken und zog quälend langsam eine Linie nach oben. Niemand wusste, ob er die Linie von 503 Millionen erreichen oder darunter bleiben würde. Aber sein Stift durchbrach diese magische Grenze. Und er zog in derselben quälenden Langsamkeit die Linie weiter, bis sie die Milliardengrenze überschritt. Und er malte, weiter und weiter und weiter ... bis er schließlich nach einer halben Ewigkeit knapp unterhalb der Oberkante des Flipchartblatts angekommen war. Er zog eine kurze Querlinie nach rechts, vollendete den Balken mit zügigem Strich nach unten und sagte:

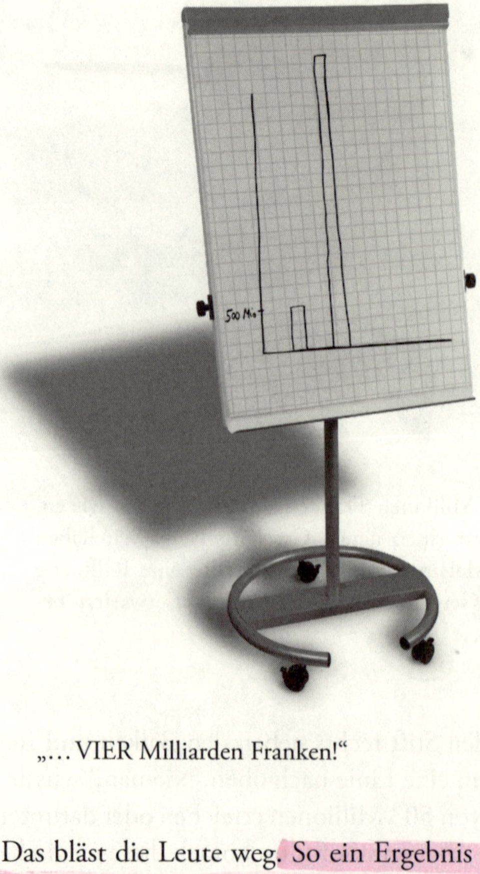

„... VIER Milliarden Franken!"

Das bläst die Leute weg. So ein Ergebnis müssen Sie inszenieren. Es ist nur zu kleinen Teilen die Zahl an sich, die hier beeindruckt – was viel größeren Eindruck erzielt, ist wieder die Art, wie dieser Effekt „erschaffen" wurde.

Diese Methode können Sie immer dann anwenden, wenn Sie Ergebnisse haben, die um Faktoren größer oder um Faktoren kleiner als erwartet sind.

Die Regel hierzu lautet:

> Ziehen Sie den Strich des Balkens in quälender Langsamkeit nach oben. Es entsteht erstens eine gewaltige Spannung, und zweitens mutiert das Ergebnis zu einem absoluten „Wow-Ergebnis".

Sie können es natürlich auch umgekehrt machen, wenn Sie etwa große Zahlen erwartet haben, und es kamen um einen Faktor kleinere heraus. Zum Beispiel: Umsatzerwartung des Produktes 12 Millionen. Real erzielter Umsatz: 2 Millionen. Dann malen Sie natürlich den kleinen 2-Millionen-Balken mit derselben quälenden Langsamkeit. Bei dieser Art des Präsentierens können Sie sicher sein, dass sie sich genauso quälend in die Herzen Ihrer Verkaufsmannschaft bohrt. Versuchen Sie dasselbe gar nicht erst mit PowerPoint: Das wäre in etwa derselbe Wirkungsabfall, wie wenn Sie einen Dolby-Surround-Film im 3D-Format sehen und danach noch einmal als Schwarzweiß-Stummfilm. Damit die Spannung erhalten bleibt, gilt die Regel für Sie:

> Sprechen Sie erst in dem Moment die Zahl aus, wo Sie das Balkenende erreicht haben.

Und dann ergänzen Sie den Balken natürlich wieder zügig nach unten. Nachdem die Zahl ausgesprochen ist, können Sie ja keine weitere Spannung mehr aufrecht erhalten.

Trick 11: Kuchendiagramme von Hand

Eine Führungskraft aus den obersten Etagen einer weltweit operierenden Bank kam zu mir ins Rhetorik-Coaching – nicht allein, sondern mit Chauffeur und drei weiteren hochrangigen Mitarbeitern, darunter der Personalchef, der mir in einer ruhigen Minute mit hochgezogenen Augenbrauen zuflüsterte, sein Chef sei Herr über 4.500 Mitarbeiter. Dieser Manager kam regelmäßig zu mir ins Coaching, und jedes Mal „bearbeitete" ich ihn, endlich auf PowerPoint zu verzichten. An diesem Coaching-Tag hatte ich den Durchbruch geschafft: Der Laptop blieb in der Tasche, und wir wechselten komplett zum Flipchart über.

Der Manager bereitete mit mir eine Rede vor der nächstuntergeordneten Führungsschicht vor – etwa 200 Leuten. Es sollte eine Motivationsveranstaltung, ein so genanntes Kick-off-Meeting werden. Dort wollte er seine Führungskräfte auf neue Handlungsanweisungen einschwören und den Kurs angeben, den das Schiff in den nächsten Jahren nehmen sollte.

Bei dieser Bank gibt es drei Kategorien von Kunden: A, B und C. Die einen haben eine gewisse Anzahl von Millionen, die anderen haben mehr und die anderen noch mehr. Hier eine zentrale Botschaft, die wir von PowerPoint auf das Flipchart transportiert haben:

> „Sehen Sie, wir sind in unserem Segment die größte Bank der Welt. In diesem Segment haben wir einen Marktanteil von 22 Prozent weltweit. Von unseren Kunden der A-Klasse, die das größte Vermögen haben, will ich Ihnen zeigen, welchen Anteil am Kuchen wir hier haben."

Jetzt zeichnete er mit großer Geste folgendes Bild:

„22 Prozent haben wir insgesamt. Wenn das der Gesamtkuchen der A-Kunden ist, haben wir von ihnen weltweit einen Anteil von …"

Er zeichnete zunächst nur einen Strich, drehte sich schweigend zum Publikum um, ergänzte dann den zweiten Strich und sagte:

„…ˇZWEI Prozent! (Eindringliche Pause) Wir sind heute hier versammelt, damit wir in fünf Jahren von heute an…“

„… 15 Prozent haben werden."

So bewegt man Menschen – und nicht mit PowerPoint. Und ich wiederhole es noch einmal, weil es so schön ist: PowerPoint *verhindert* Wirkung!

Einige Tage nach dem Event rief ich aus anderen Gründen in seinem Büro an und bekam die Assistentin des Managers ans Telefon. Sie sagte mir wörtlich:

„Herr Pöhm, was haben Sie nur mit meinem Chef gemacht? Er war wie ausgewechselt – einfach großartig!"

Kuchendiagramme *können* Sie nicht nur selbst von Hand zeichnen – Sie *müssen*, wenn Sie Menschen bewegen wollen!

Hier verrate ich Ihnen einen Trick, wie Sie sofort ein präsentables Kuchendiagramm auf das Flipchart zaubern können. Sie gehen in drei Schritten vor. Zunächst zeichnen Sie schwungvoll ein Oval.

Jetzt zeichnen Sie zwei leicht trichterförmig nach innen verlaufende Begrenzungsstriche am Ende des Ovals. Beide müssen gleich lang sein.

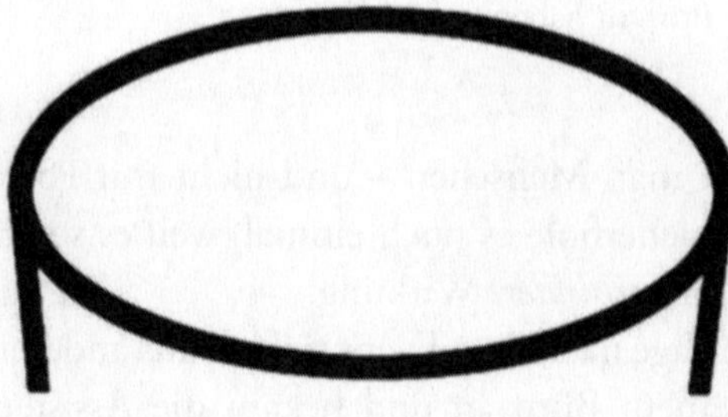

Und jetzt zeichnen Sie parallel zur oberen Linie die untere Linie des Kuchens. Die Krümmung muss an jeder Stelle genauso sein, wie bei der oberen Linie. (aufgepasst, viele zeichnen eine gerade Linie, das ist falsch).

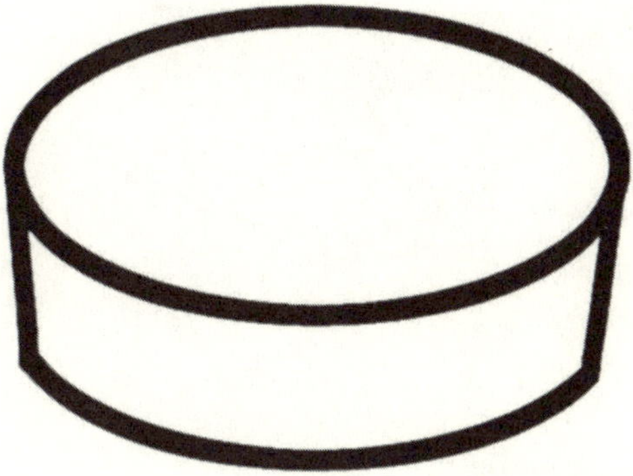

Nun gehen Sie einfach vom optischen Mittelpunkt aus und können von hier aus jedes beliebige Kuchenstück einzeichnen.

Die Regel hierzu lautet:

> Wenn Sie ein Kuchendiagramm zeichnen, sprechen Sie auch immer von „Kuchen": zum Beispiel Umsatzkuchen, Mitarbeiterkuchen, Krankenkassenkuchen, Wissenskuchen… Nur dann vernetzt das Gehirn der Zuhörer auch die Zeichnung mit dem Gesagten.

Trick 12: Inverses Kuchendiagramm

Hier noch eine sehr spezielle Art von Kuchendiagramm, mit der Sie Ihr Publikum garantiert beeindrucken. Sie sagen:

> „Schauen Sie her, das war unser Anteil am Weltmarktkuchen im Jahr 2001:

Es waren 76 Prozent!

Heute sieht es so aus:

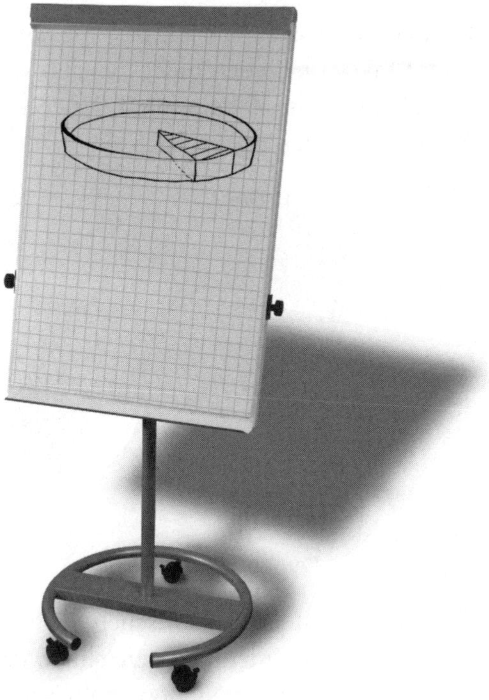

Heute ist der Weltmarktanteil auf 12 Prozent geschrumpft!“

Aber Achtung, das müssen Sie im Vorfeld mehrere Male geübt haben. Versuchen Sie’s doch gleich jetzt einmal nachzuzeichnen! (Den Trick, wie es Ihnen auf Anhieb perfekt gelingt, verrate ich Ihnen gern in einem meiner Seminare.)

Trick 13: Schöne Zeichnungen erzeugen Wohlwollen

Es kommt auch darauf an, dass Sie sorgfältig zeichnen. Eine Krakelei hat eben nicht dieselbe Wirkung wie eine sorgfältig erstellte Zeichnung. Sehen Sie sich nur einmal die beiden Bilder im Vergleich an.

Der einzige Unterschied zwischen den beiden Bildern ist: Das eine wurde ordentlich gezeichnet, das andere hopplahopp hingeschmiert. Copperfield achtet auf so etwas – Ihr Publikum auch. Denken Sie wieder daran: Wenn die Zeichnung am Flipchart angenehm anzuschauen ist, dann wird auch Ihr Anliegen als angenehm empfunden.

Sprache und Überzeugung

Die Wirksprache

Kennen Sie jene Redner, an deren Lippen die Menschen hängen – selbst wenn sie nur von ihrem letzten Einkaufserlebnis erzählen? Andere hingegen haben vielleicht etwas viel Aufregenderes zu berichten, doch kaum setzen sie an, wenden sich die Zuhörer ab oder wechseln das Thema. Es gibt allerdings eine Sprache, mit der Sie quasi auf Knopfdruck diese Zuhör-Magnetwirkung erzeugen können. Sie heißt Wirksprache, und wenn Sie sie benutzen, lösen Sie einen *Zuhörzwang* aus. Ein Beispiel:

> „Ein schwarzes Auto biegt auf einen Parkplatz ein. Sonntagnachmittag, nur wenige Autos stehen auf dem Parkplatz. Am Ende des Parkplatzes ein weißes Gebäude, vier Stockwerke hoch. Das Auto fährt langsam Richtung Gebäude. Vor dem Haupteingang bleibt es stehen. Zwei Türen gehen auf …"

Merken Sie, wie gebannt Sie folgen und erfahren möchten, wie es weitergeht? Das ist Wirksprache! Wirksprache hat drei Elemente. Das erste: Sie projizieren einen Film auf die geistige Leinwand Ihrer Zuhörer. Sie lösen mit jedem Satz ein Bild aus. Lesen Sie unter diesem Blickwinkel noch einmal die obige Geschichte. Das zweite Element: Sie reden so einfach wie nur irgend möglich. Das Erstaunliche ist: Die einfachste Sprache hat die größte Wirkung. Wenn Sie morgens zum Bäcker gehen und sagen: „Drei Brötchen, bitte!" – dann ist das Wirksprache!

In der Wirksprache enthält kaum ein Satz mehr als acht Wörter. Das dritte Element ist das Spannungselement. Spannung entsteht dadurch, dass Sie in Ihrer Geschichte immer etwas im Ungewissen halten. Sie verraten nicht gleich, was im nächsten Moment und an der nächsten Ecke passieren wird.

Um eines klarzustellen: Die Wirksprache ist eine gesprochene Sprache. Diese gehorcht anderen Gesetzen als die geschriebene Sprache. Denn wir sprechen anders, als wir schreiben. Ausdrücke, die Ihnen jeder Deutschlehrer als Stilfehler rot anstreichen würde, werden in der gesprochenen Sprache nicht nur toleriert, sondern sind oft sogar erwünscht. Denn genauso reden wir, wenn wir uns im emotionalen Redefluss befinden. Hier, im Medium Buch, lesen Sie leider nur die Beispiele und haben beim Lesen automatisch eine stilistische Erwartungshaltung. Von dieser müssen Sie sich trennen, wenn es um Wirksprache geht. Wie gesagt: Sie ist eine ausschließlich gesprochene Sprache. Es erfordert daher einige akustische Vorstellungskraft, um sich die Beispiele für die Wirksprache frei gesprochen vorzustellen. Aber eben nur dann entfalten sie auch ihre volle Wirksamkeit.

Dos und Don'ts der Wirksprache

Bei dieser Art des Sprechens gilt es einige Dinge zu beachten und einige zu vermeiden.

Sprechen Sie in der Gegenwart

Wenn Sie etwas in der Wirksprache erzählen, sollten Sie immer in der Gegenwart sprechen! In der Wirksprache gibt es keine Vergangenheit, keine Zukunftskonstruktionen, kein Konditional. Durch die Gegenwart erzeugen

Sie beim Zuhörer das Gefühl, live dabei zu sein und ins Geschehen einzutauchen. Sie werden nun vielleicht sagen: Aber alle Geschichten sind doch bereits in der Vergangenheit passiert. Wie soll ich da in der Gegenwart reden? Das ist richtig, aber dafür gibt es einen technischen Trick. Sie geben als Einstieg für den Zuhörer die Zeit an, in der sich die Geschichte abspielt – und dann sprechen Sie in der Gegenwart weiter. Sie sagen zum Beispiel:

> „Vor zwei Jahren. Ich bin in Amerika. Ich sitze auf meiner Harley. Das Ziel: Die Route 66. Der Fahrtwind pfeift mir um die Ohren. Vor mir eine lange Straße. Plötzlich: Eine Frau. Sie trampt. Ich halte an …"

Vermeiden Sie Nebensätze

In der Wirksprache gibt es keine Nebensätze mehr. Nebensätze sind Sätze, bei denen ein Satzteil von einem anderen durch ein Komma abgetrennt ist. Das Erstaunliche ist: Bei Nebensätzen sinkt die Wirkung. Überprüfen Sie im Vergleich die Wirkung derselben Geschichte, wenn Sie sie zu nur zwei Sätzen mit Kommas zusammenschmieden:

> „Als ich vor zwei Jahren in Amerika war, saß ich auf meiner Harley auf dem Weg zu meinem Ziel, der Route 66. Während mir der Fahrtwind um die Ohren pfiff und eine lange Straße vor mir lag, sah ich eine trampende Frau mit langen Beinen und beschloss anzuhalten."

Besonders wenn Sie die erste Geschichte frei vortragen, löst diese Erzählart wesentlich mehr Spannung aus. Sie müssen sich beide Beispiele laut vorlesen, um den vollen Wirkungsunterschied zu ermessen. Lesen Sie ruhig im Vergleich dazu noch einmal das Beispiel oben.

Wenn Sie also künftig etwas spannungsvoll zum Besten geben wollen, streichen Sie im Geist alle Kommas und ersetzen diese durch Punkte oder Doppelpunkte. Hier ein Satz, der schon relativ gut klingt, in dem aber ein Komma vorkommt:

> „Ich spüre, wie eine Hand an meinem Bein entlangstreicht."

Jetzt ersetzen Sie das Komma durch einen Doppelpunkt:

> „Ich spüre: (Pause) Eine Hand streicht an meinem Bein entlang."

Kaum zu glauben, aber die Wirkung steigt.

Zitieren Sie immer wörtlich

In der Wirksprache benutzen Sie immer die direkte Rede. Das heißt: Sie zitieren wörtlich, was gesprochen worden ist, und gehen weg von allgemeinen Aussagen. Stellen Sie sich vor, Sie wären ein Filmregisseur und hätten ein Drehbuch, das Anweisungen gibt, was der Schauspieler zu sagen hat. So wie dieses Drehbuch muss auch Ihre Sprache aufgebaut sein, wenn sie die größte Wirkung erzielen soll. Würde beispielsweise im Drehbuch stehen: „Der Mitarbeiter hat seine Zustimmung gegeben", so wüsste der Schauspieler nicht, was er in der konkreten Situation sagen soll. Er kann sich ja nicht hinstellen und sagen: „Zustimmung!" Im Drehbuch muss konkret stehen, welchen Text er da sprechen soll: „Der Mitarbeiter sagt: ‚Ja, Chef, wir machen das.'" Und genauso erzählen Sie es auch.

Die wörtliche Rede benutzen Sie auch dazu, um eigene Gedanken zu zitieren. Wann immer möglich, geben Sie wörtlich wieder, welche Gedanken Sie im Kopf haben. Auch das hat eine wesentlich höhere Wirkung, als wenn Sie allgemeine Aussagen über Ihren Gemütszustand machen. Leiten Sie das durch ein „Ich denke …" ein. Sie sagen nicht: „Der Bus fährt mir vor der Nase weg, aber es ist mir gleichgültig." Sondern: „Der Bus fährt mir vor der Nase weg. Ich denke: Egal, jetzt machst du einfach Autostopp." Sie sagen nicht: „Der Kunde kommt herein, und ich fühle mich unsicher." Sondern: „Der Kunde kommt herein. Ich denke: Hoffentlich merkt er nicht, dass ich das noch nie gemacht habe." Sie sagen nicht: „Es kommt ein Fax, aber in der Annahme, dass das sowieso Reklame ist, will ich gar nicht nachsehen." Sondern: „Plötzlich höre ich das typische Faxgeräusch. Ich denke: Sicher wieder Reklame. Da bleibe ich lieber bei meiner Arbeit."

Weg mit dem „und"

Das Wort „und" ist in neun von zehn Fällen ein reines Verlegenheitswort. Die meisten Redner benutzen es nur als Bindeglied zwischen zwei unabhängigen Sätzen. Wenn Sie das „und" weglassen, steigern Sie die Prägnanz Ihrer Geschichte. Hier ein kleines Beispiel, das typisch für die gesprochene Sprache ist:

> „Ich gehe am Morgen aus dem Haus und laufe vor zum Briefkasten und öffne die Klappe und greife hinein und hole die Zeitung heraus."

Es ist ein Satz in der Gegenwart, sehr konkret und ohne Nebensätze. Somit sind eigentlich alle Merkmale der Wirksprache erfüllt. Doch achten Sie darauf, wie es sich anhört, wenn wir das „und" weglassen:

„Ich gehe am Morgen aus dem Haus. (Pause) Ich laufe vor zum Briefkasten. (Pause) Ich öffne die Klappe. (Pause) Ich greife hinein. (Pause) Die Zeitung!“

Sobald Sie das „und“ aus dem Satz verbannen, wird er spannender.

Ein „und“ ist genauso ein Verlegenheitswort wie das allseits beliebte „äh“. Hören Sie einmal typischen Präsentationen zu und zählen Sie, wie oft das „und“ fällt. Sie werden erstaunt sein.

Meiden Sie Passivformulierungen

„2007 wurden drei weitere Lebensmittelmärkte in Stuttgart, München und Frankfurt eröffnet.“

Der Redner stand in der Mitte meines Büros, hielt seinen Zettel in der Hand und schaute in ein imaginäres Publikum. Ich doppelte seine Aussage:

„*Wurden* eröffnet?“ Er kniff ärgerlich die Augen zu.

„Ach. Stimmt! Schon wieder!“ – Ich: „Machen Sie's noch einmal!“ Er setzte mit einem Lächeln an:

„2007 eröffneten wir drei weitere Lebensmittelmärkte in Stuttgart, München und Frankfurt!“ Schon besser!

Viele meiner Kunden haben eine ausgeprägte Vorliebe für Passivkonstruktionen. Sie haben offenbar den Eindruck, das wirke eleganter und gehobener. Dabei ist es eine Unsitte. Lesen Sie noch einmal die beiden obigen Versionen im Vergleich und erspüren Sie den Wirkungsunterschied.

Die Regel hierzu lautet:

> Ersetzen Sie Passivformulierungen durch Aktivformulierungen, wo immer das möglich ist.

Es ist ein Unterschied, ob Sie sagen:

„Während der Sitzung wurde die Idee entwickelt …"

Oder:

„Während der Sitzung hatte jemand die Idee …"

Das klingt viel prägnanter und packender. Sie erinnern sich noch an das hohe Tier aus der Bank? An seiner Geschichte will ich Ihnen einmal exemplarisch den Wirkungsunterschied zwischen einer Passiv- und einer Aktivformulierung deutlich machen:

- „Es *wurde* mit mir eine Rede vor etwa 200 Leuten vorbereitet. Es war eine Kick-off-Veranstaltung, in der die Führungskräfte auf neue Handlungsanweisungen *eingeschworen werden sollten.*"
- „*Er bereitete* mit mir eine Rede vor etwa 200 Leuten *vor.* Es war eine Kick-off-Veranstaltung, in der er seine Führungskräfte auf neue Handlungsanweisungen *einschwören wollte.*"

Im Laufe meiner zehnjährigen Karriere habe ich viele Leute erlebt, die in mein Seminar kamen, nachdem sie mein erstes Rhetorikbuch gelesen hatten. Wenn sie dann ihre vorbereitete Rede vortrugen, musste ich oftmals schmunzeln: Sie machten Dinge falsch, die sie eigentlich hätten wissen müssen, denn sie stehen ja im Buch. Ich habe gelernt, dass das Urproblem des Lernens auch vor der Rhetorik nicht haltmacht: Nehmen wir an, Sie wollten einem achtjährigen Jungen beibringen, wie man einen Fußball so abschießt, dass er in der Luft einen Bogen beschreibt. Sie machen es zunächst vor, und dann zeigen Sie ihm den Trick. Er soll den Ball so antreten, dass der Innenrist des Schuhs dem Ball eine Drehung um sich selbst verleiht. Wenn der Drall schnell genug ist, fliegt der Ball im Bogen.

Kann der Junge nun aber nach dieser Erklärung den Ball im Bogen schießen? Nein! Er muss es Tage, Wochen, vielleicht sogar Monate *üben*! Erst dann wird er es beherrschen. Und so ist es auch mit den Tipps zur Rhetorik. Die Dinge einmal gelesen zu haben reicht nicht aus, um sie auch wirklich zu beherrschen. Wenn Sie hier lesen, dass Sie Passivkonstruktionen vermeiden sollen, sind Sie längst noch nicht befreit von dieser Sprachmarotte. Das erlebe ich im Seminar und im Coaching immer wieder. Ich erkläre es meinen Teilnehmern, und 30 Minuten später höre ich wieder einen Satz wie: „Dann *wird* der Filter in die Maschine *gesteckt*." Deshalb empfehle ich denjenigen, die wirklich einen Schritt weiterkommen wollen, den Besuch eines Coachings oder den Besuch eines Seminars, wo Sie neue Gewohnheiten einüben.

Damit Sie wenigstens ein bisschen ins Training kommen, nachfolgend nun einige Beispiele, die ich Sie von der Passivkonstruktion zur Aktivkonstruktion umzuwandeln bitte. Jedesmal wenn ein „werde, werden, worden, wurden" vorkommt, haben Sie ein Passiv-Ausdruck. Aber nicht schummeln! Verdecken Sie die Lösung unten.

Noch nie ist ein Geschäft *getätigt worden*, weil das Logo oben links prangt.
Die Hotels *werden* von den Mitarbeitern *angerufen*.
Er *wurde* vom Manager *weggeführt*.
Die PR-Aktivität *muss gebündelt werden*.

Lösung:

Noch nie haben Sie ein Geschäft getätigt, weil das Logo oben links prangt.
Die Mitarbeiter rufen die Hotels an.
Der Manager führte ihn weg.
Wir müssen die PR-Aktivität bündeln.

Wo und wie wird die Wirksprache eingesetzt?

Die Wirksprache hat eine Entsprechung in unserem intuitiven Sprechverhalten. Stellen Sie sich vor, Sie haben eine absolut dramatische Gefahrensituation erlebt – zum Beispiel einen Unfall mit Blechschaden auf der Autobahn, an dem Sie beteiligt waren –, kommen zehn Minuten später nach Hause und erzählen Ihrem Partner voller Emotionen, was gerade passiert ist. Dann befinden Sie sich automatisch in der Wirksprache. Sie bilden kurze, einfache Sätze, jeder Satz ist ein Bild, Sie reden in der Gegenwart, Sie zitieren wörtlich. Die Wirksprache ist nichts anderes, als die Merkmale dieses intuitiven Sprechverhaltens mit größter Emotionalität und Prägnanz zu analysieren und in die normale Rede einzubauen. Wenn Sie dieselben Merkmale auf welche Geschichte auch immer anwenden, erreichen Sie genau dieselbe Emotionalität und Prägnanz.

Natürlich geht es nicht darum, eine ganze Präsentation von Anfang bis Ende in der Wirksprache zu halten. Das funktioniert gar nicht und würde inflationär wirken. Es geht aber sehr wohl darum, während Ihrer Präsentation strategisch geplant eine Sequenz lang bewusst in die Wirksprache zu wechseln. Denn dann erreichen Sie bei Ihren Zuhörern den unterbewussten Bereich, in dem Bilder und Gefühle verarbeitet werden. Am Ende Ihrer Rede sagen die Zuhörer ganz einfach zum Gesamtpaket:

„Gekauft", und wissen gar nicht, an welcher Stelle sie „bewegt" wurden und warum. Aber Sie als Redner wissen es. Die Wirksprache ist ein Hilfsmittel, um Menschen zu bewegen. Nur wenn Sie das erreichen, entscheiden diese Menschen sich für Sie!

Schauen Sie auch einmal aus diesem Blickwinkel meine Redebeispiele in diesem Buch an. Viele von ihnen enthalten eine Passage in der Wirksprache.

Fachbegriffe und Worthülsen

Glauben Sie, dass Sie selbst Worthülsen benutzen? Bitte beantworten Sie ehrlich für sich diese Frage.

Die meisten Menschen werden sagen: Nein, das tue ich nicht. Also gut! Dann werde ich Ihnen jetzt einmal zeigen, was ich unter Worthülsen verstehe.

Weg mit den Worthülsen

Wenn Sie sagen: „Herr Kunde, unser Produkt hat ein gutes Preis-Leistungs-Verhältnis“, dann ist das eine Worthülse. Wenn Sie sagen: „Wir gehen flexibel auf Kundenwünsche ein“, dann ist das eine Worthülse. Wenn Sie mit dem Slogan werben: „Wir sind ein dynamisches Unternehmen“, dann ist das eine Worthülse. Die Liste dieser Wörter ließe sich beliebig verlängern: „flexibel“, „dynamisch“, „innovativ“, „kundenorientiert“ und so weiter und so fort. Derartige zunächst sehr wohlklingende Wörter können Sie alle aus Ihrem Wortschatz streichen. Sie haben schlichtweg keine Wirkung. Oder wie würden Sie auf einen Handelsvertreter reagieren, der an Ihrer Haustür läutet und sagt: „Guten Tag. Darf ich Sie auf die innovative Produktpalette eines zukunftsorientierten Unternehmens aufmerksam machen?“ Innovativ, zukunftsorientiert – diese Wörter wirken weder bei einem Handelsvertreter noch bei Ihnen. Das ist Werbeblabla, das Ihnen niemand glaubt.

Das Problem liegt darin: Sie haben ein Unterbewusstsein, und das reagiert nur auf Bilder und Gefühle. Im Unterbewusstsein werden alle Entscheidungen gefällt, im Verstand werden sie nachträglich rationalisiert. Das ist der Mechanismus. Wenn Ihnen nun jemand sagt: „Unser

Produkt hat ein gutes Preis-Leistungs-Verhältnis", dann entsteht kein Bild, es wird kein Gefühl erzeugt … und deshalb hat ein solcher Satz keine Wirkung! Wenn Sie sagen: „Wir gehen flexibel auf Kundenwünsche ein", dann entsteht kein Bild, es wird kein Gefühl erzeugt … und keine Wirkung! Wenn Sie sagen: „dynamisch", „flexibel", „innovativ" – Sie ahnen es schon: kein Bild, kein Gefühl, keine Wirkung!

Alle Wörter, die mit „orientiert" zusammengefügt werden, zählen zu diesen Nichtssagern: „teamorientiert", „kundenorientiert", „zukunftsorientiert" (das absolute Spitzenwort lautet aber „prozessorientiert"). Diese Wörter lösen in Wahrheit Unlust aus. Der Mensch geht auf Distanz, wenn er das hört. Darüber müssen Sie sich klar sein! Und nur, weil Sie es ständig wiederholen, wird es nicht besser. Sie sollen so reden, dass man ohne Energieaufwand zuhören kann. Das Gehirn darf an keiner Stelle Unlust empfinden, an keiner Stelle arbeiten. Und bei diesen Wörtern müsste das Gehirn arbeiten, um sie in etwas Anschauliches zu übersetzen. Diese Arbeit aber macht sich niemand.

Fachbegriffe innerhalb Ihrer Branche

Was auch immer Sie beruflich tun, Sie haben Ihr Fachvokabular und benutzen es, ohne dass es Ihnen auffällt. Nehmen wir an, Sie sind in der IT-Branche zu Hause. Dort werfen Sie im Normalfall mit einem Fachvokabular um sich, vor dem es Normalsterblichen graust. Da wird hemmungslos über Rooter, Spider, IP-Adressen, Graphical User Interface und anderes Kauderwelsch gefachsimpelt. Sie können sicher sein – Otto Normalverbraucher versteht da nur noch Bushaltestelle.

Aber auch wenn Sie einer anderen Branche angehören, sind Sie davon nicht ausgenommen. Dieselben nichtssagenden Fachausdrücke haben auch Banker, Mediziner, Juristen, Werber, Architekten, Unternehmensberater, Versicherungsleute … einfach alle. Nun denken Sie natürlich: Bei uns in der Branche redet man nun mal so, jeder versteht das. Ich komme mir erstens dumm vor und zweitens halten mich die Kollegen für inkompetent, wenn ich plötzlich von Zentralrechnern statt von Servern rede …

Ich sage Ihnen, warum ich so unerbittlich gegen all diese sich selbst erhaltenden Fachbegriffe kämpfe: Die Entscheidungsträger, die Ihnen zum Schluss den Auftrag geben, sind *nicht* vom Fach. Das ist Tatsache! Und wenn dieser Personenkreis bei Ihrem Vortrag mehrfach nichts versteht, empfindet er Unlust, und diese Unlust überträgt sich leider auch auf … Ihr Produkt. Sie sagen nun, dass Sie im entscheidenden Moment schon umschwenken und verständlich reden werden? Da sitzen Sie einem Irrtum auf: Das schaffen Sie einfach nicht. Sie haben ja kein Training, keine Routine, Sie erkennen die Ausdrücke gar nicht mehr als absonderlich – und selbst wenn, fehlen Ihnen schlicht und einfach die anschaulicheren Wörter und „Übersetzungen". Entweder stellen Sie schon vorher Ihre Sprachgepflogenheiten um, oder Sie können es vergessen.

Mein Tipp:

> Wo immer es möglich ist, ersetzen Sie ab sofort den jeweiligen Fachbegriff durch ein anschaulicheres deutsches Wort.

Rückwärts-Wörterbuch für Fachausdrücke

Da der obige Tipp allein aber leider in der Praxis *keinerlei* Veränderung herbeiführen wird, habe ich einen ganz konkreten Vorschlag, wie Sie in Ihrem Unternehmen auf lange Sicht für Verbesserungen sorgen können. Wichtig ist, dass nicht nur einige wenige so reden, wichtig ist, dass bei allen wieder eine Kultur des anschaulichen Redens entsteht. Das freut die Chefs, das freut die Leute aus anderen Fachbereichen, das freut die Kunden.

Sie machen Folgendes: Auf Ihrem Zentralrechner („Server", damit das auch unsere IT-Mitarbeiter verstehen) eröffnen Sie eine Excel-Datei. In dieser Datei darf nichts gelöscht werden – nur hinzugefügt. Jeder Mitarbeiter der Firma hat Zugriff auf sie. Wenn nun beispielsweise jemand in einer Sitzung das Wort „Graphical User Interface" benutzt, öffnen Sie diese Datei und schreiben es in die linke Spalte. Dort stehen nämlich alle Unwörter, die wer auch immer aus der Firma als aufnahmewürdig betrachtet (die Mutigen unter Ihnen gewähren sogar den Kunden Zugriff auf diese Datei). Rechts daneben in die zweite Spalte schreiben Sie einen Vorschlag, wie das Ihrer Meinung nach besser heißen könnte. „Graphical User Interface" ersetzen Sie zum Beispiel durch „Bildschirmoberfläche". In die nächste Spalte rechts daneben kann man noch weitere mögliche Übersetzungen schreiben.

So schwillt diese Datei langsam an: Woche für Woche, Monat für Monat, Jahr für Jahr. Nach einer gewissen Zeit setzen sich ein paar Leute zusammen und entscheiden, ob in Zukunft das linke oder aber das rechte Wort für alle verbindlich in der Firma benutzt wird. Nicht jedes Wort fällt auf diese Weise dem Radiergummi zum Opfer. Sie entscheiden immer aus dem Bauch heraus, ob nicht vielleicht doch das entsprechende Fachwort so weit etabliert ist, dass es größere Anschaulichkeit besitzt. Wenn links zum Beispiel „Airbag" steht und rechts das Wort „Luftsack", dann entscheidet sich Ihr gesunder Menschenverstand natürlich für „Airbag".

Bullshit-Bingo zur Disziplinierung

Hier kommt der Übung zweiter Teil: Nun spielen Sie Bullshit-Bingo in Ihrer Firma. Ab dem Moment, da die anschaulichen Wörter beschlossene Sache sind, hat jeder das Recht, einen anderen während seiner Rede zu unterbrechen, wenn er wieder ein Wort aus der linken Spalte benutzt. Er ruft dann laut vernehmlich „Bullshit". Und dafür bekommt er einen Strich auf einer Guthabenliste, während der „Sünder" einen Strich auf einer Sündenliste bekommt. Jetzt muss nur noch ein Belohnungs- und Bestrafungssystem eingeführt werden. Ich schlage zum Beispiel vor: Am Ende des Monats zahlt jeder pro Sündenstrich 50 Cent in eine Gemeinschaftskasse, und der aufmerksame Bullshit-Rufer bekommt für jeden Strich fünf Minuten Urlaub gutgeschrieben.

Ich verspreche Ihnen: Nach spätestens einem halben Jahr kauft der Kunde in erster Linie nur deshalb bei Ihnen, weil er auf Anhieb alles versteht.

Worthülsen-Lexikon online

Wem es zu mühsam ist, das Rückwärts-Wörterbuch für Fachausdrücke selbst anzulegen, der kann es auch von meiner Homepage abrufen.[4] Kürzlich klingelte das Handy eines Coaching-Kunden, als wir gerade zum Mittagessen aufbrachen, und ich hörte ihn sagen: „Ja, der Business Facility Case ist approved!" Ich überlege bis heute, ob er

4 Siehe meine Website www.rhetorik-seminar.ch

wohl auch so mit seiner Frau redet. Aber er steht ja nicht allein da: Im Geschäftsumfeld nutzt man „Synergien", da wird „outgesourct", das „operative Geschäft customized" und, und, und. Klicken Sie einfach in mein Worthülsen-Lexikon! Hier finden Sie die fast vergessenen anschaulichen Wörter für Fremdwörter, Fachbegriffe, Worthülsen, englischsprachige Ausdrücke und Modewörter: „Best practice", „flexibel", „go live", „innovativ", „Rating", „User Interface" usw. Klicken Sie einfach mal hinein. Sie müssen in Ihrer Firma nun nur noch beschließen, welche der dort in der linken Spalte aufgeführten Vokabeln Sie in Zukunft in Ihrem Firmensprachgebrauch ersetzen wollen.

Weichmacher, Sprachmarotten und Verlegenheitssätze

Ich habe durch meine Erfahrungen mit unzähligen Coaching-Kunden und Rhetorikseminarteilnehmern etwas gelernt: Es gibt „Weg-von-Wörter" und „Hin-zu-Wörter". Bei den Weg-von-Wörtern wird beim Zuhörer Unlust ausgelöst, bei den Hin-zu-Wörtern Lust. Die Regel ist simpel:

> Vermeiden Sie Weg-von-Wörter und benutzen Sie Hin-zu-Wörter.

Hin-zu-Wörter

Hin-zu-Wörter sind zum einen Wörter, die ein Bild auf Ihrer geistigen Leinwand auftauchen lassen: Stuhl, Tisch, Sonne, Bach, Baum, Schatten, grün, gelb, Hirsch, Porsche …

Hin-zu-Wörter sind alle Verben, die die Vorstellung einer Tätigkeit auslösen: Wir gehen, er gräbt, die Schüler schreiben, der Vogel singt, ich denke nach, das Auto parkt.

Hin-zu-Wörter sind bekannte Namen: Angela Merkel, Franz Beckenbauer, Michael Jackson, Tom Cruise, Siemens, DaimlerChrysler, NASA, FBI …

Dazu gehören auch Emotionswörter wie Dankbarkeit, Liebe, Vertrautheit, Geborgenheit, Verzeihung, Angst, Unsicherheit usw. Noch stärker wirken diese Wörter, wenn sie als Verb benutzt werden: danken, lieben, vertrauen, geborgen sein, verzeihen, ängstigen, unsicher sein … Verben haben einen höheren Emotionalgehalt als Hauptwörter.

Ferner gibt es Wörter mit Signalwirkung: zum Beispiel „plötzlich“ oder „Zufallsentdeckung“ oder ein beliebiges Datum. Wenn Sie beispielsweise sagen:

„Es war im April 1998“, löst das bereits Spannung aus.

Weg-von-Wörter

Es gibt wesentlich mehr Weg-von-Wörter, von denen Sie sich verabschieden sollten, als Hin-zu-Wörter, die Sie benutzen sollten. Ich habe bemerkt, dass gewisse Ausdrücke Ihre Aussagen entwerten und Unlust auslösen. Dies sind Weichmacher, Sprachmarotten, Füllsätze und kommentierende Sätze. Die Leute sind sich darüber meistens gar nicht bewusst, aber diese etablierten Redeweisen nehmen dramatisch Wirkung aus der Rede. Lesen Sie folgenden Satz:

> „Ich war sozusagen für den Bereich Kommunikationsentwicklung zuständig."

Hier finden sich gleich zwei solcher Ausdrücke. Der erste ist das Wort „sozusagen", das zweite das Wort „Bereich". Beides sind „Unlustwörter": Sie nehmen Ihrer Aussage Prägnanz. Das Wort „Bereich" können Sie immer ersatzlos streichen. Das klingt nach Behördendeutsch. Das Wort „sozusagen" ist ein Weichmacher, der die Aussage des Satzes relativiert. Und so klingt der Satz ohne die beiden Wörter:

> „Ich war für die Kommunikationsentwicklung zuständig."

Es ist nur sehr wenigen bewusst, dass „Bereich" ein Unlustwort ist. Aber wenn Sie es in der Gegenüberstellung sehen, erkennen Sie sein Unlustpotenzial:

> „Ich arbeite im Bereich Verkauf und Marketing."

> „Ich arbeite im Verkauf und Marketing."

> „Im Bereich Produktion gab es die meisten Ausfälle."

> „In der Produktion gab es die meisten Ausfälle."

Weitere Unlustausdrücke

Hier präsentiere ich Ihnen eine Sammlung von Unlustausdrücken. Bitte lesen Sie die Sätze mit den kursivierten Ausdrücken und wiederholen Sie sie gleich danach jeweils ohne diese Ausdrücke, damit Sie den Prägnanzunterschied erkennen. Am besten, Sie lesen laut, denn die Regeln gelten vor allem für die gesprochene Sprache; allerdings sollten Sie in acht von zehn Fällen die Unlustwörter auch in der geschriebenen Sprache vermeiden.

- Es waren *eigentlich* viele Leute im Seminar.
- Das Studium war *eigentlich noch* schwierig.
- Sie erhalten als Kunde eine Zufriedenheitsgarantie; *das heißt*, falls Sie wollen.
- Die Katze ist untergegangen, *das heißt*, sie lebt nicht mehr.
- Ein Motorausfall ist *praktisch* kein Problem für unser Team.
- Der Förderschwerpunkt sind *praktisch* nur begabte Schüler.
- *Ich glaube*, das hat Zukunft.
- *Ich glaube*, es wäre falsch, das bereits als Sieg über den Krebs zu bezeichnen.

Zu derselben Kategorie gehören auch die Ausdrücke „ich denke“, „ich finde“, „ich bin der Meinung“.

- Das ist ein Hausmittel gegen Schnupfen, *an und für sich*!
- Wir haben *an und für sich* mit Bolivien geredet.

Zu dieser Kategorie gehören auch die Ausdrücke „im Prinzip“, „sozusagen“.

- Die gewählten Optionen zeigen den Einkaufswagen an *und so weiter*.

- Bei uns kamen täglich Kunden in den Laden *und so weiter.*
- *Ich bin überzeugt,* dass wir gewinnen werden.
- Das ist eine gute Lösung, *bin ich überzeugt.* (Jedes Mal, wenn Sie sagen: „Ich bin überzeugt", sind Sie's nicht!)
- Der Chef ist *natürlich* schwieriger zu überzeugen.
- Ich hab' an der Stelle *natürlich* gedacht, das passiert dir nie wieder.
- Ich gehe *also* in die Ostschweiz.
- PowerPoint hat *also* viele Möglichkeiten.
- Ein paar Punkte, die man *vielleicht* beachten sollte.
- Das hat *vielleicht* weniger Auswirkung auf die Empfindlichkeit.
- Wer hebt sich *letztendlich* von der Gruppe ab?
- *Letztendlich* besuchte ich zwar zu wenig Trainingseinheiten, aber ich wurde trotzdem aufgestellt.
- *Wie Sie sich denken können,* dauerte die Lieferung etwas länger.
- Ich habe das Endspiel im Fernsehen angeschaut, *wie Sie sich denken können.*
- Da kann man sich den Mund fusselig reden, *wie man so schön sagt,* aber niemals wird er's erkennen.
- Ich hab vorher noch die Kurve gekriegt, *wie man so schön sagt,* aber ich war mit meinem Latein am Ende.
- 1993, *vielleicht erinnern Sie sich noch an die Situation,* ging die Wirtschaft runter.
- Früher kamen viel mehr Faxe als heute, *vielleicht erinnern Sie sich.*
- Das war, *wie gesagt,* Freitagnachmittag.
- Am Ende steigt dann Köln und Wolfsburg ab, *wie gesagt.*
- Die ISO 9000, *die dürfte vielen bekannt sein,* führten wir damals als Qualitätssicherung ein.

- Zürich ist die größte Stadt der Schweiz, *das dürfte vielen bekannt sein.*
- Ich komme aus Remagen, *kennt das jemand?*
- Das ist ein Motorola-Prozessor, *kennt den jemand?*

Auftrags-Verhinderungs-Verträge

Wenn zu mir ein Coaching-Kunde kommt, dann schaue ich mir nicht nur seine Rede an, sondern auch die Nebenschauplätze, damit er *insgesamt* erfolgreich wird. Ich hatte einen Coaching-Kunden, der sich darauf spezialisiert hatte, Familienhäuser einbruchsicher zu machen. Nicht etwa durch Alarmanlagen – die ja den Einbruch nicht verhindern, sondern nur melden –, sondern durch gezielten Umbau von Fenstern, Türen und Kellereingängen. Er plante mit mir zusammen eine immer wiederverwendbare Rede vor Einfamilienhausbesitzern. Er wollte den Vortrag mit Inseraten aus der Zeitung füllen. Ich fand diese Idee nicht so berauschend und entwickelte für ihn eine Vorgehensweise, wie man den Vortragssaal anders füllen konnte. So sah das dann aus:

Mein Kunde schickte mehrere Studenten durch die Viertel der Stadt, in denen die meisten Einfamilienhäuser standen. Die Studenten waren mit einer Digitalkamera bewaffnet und fotografierten jedes Haus gemäß seinen Instruktionen. Dann schickte er all diesen Hausbesitzern jeweils drei bis vier Fotos ihres Hauses und folgenden Begleitbrief:

> Sehr geehrter Herr Geiger,
> hier einige Ausschnitte aus dem Polizeibericht und der Presse in Zürich:

2.2.06: Einbruch Einfamilienhaus Oerlikon (2 km von Ihnen entfernt)
14.2.06: Acht Einfamilienhäuser in der Agnesstraße an einem Vormittag ausgeräumt (3 km von Ihnen entfernt)
20.2.06: In Brunau 16 Einbrüche an einem Tag (1,5 km von Ihnen entfernt)
2.3.06: Einbruch in eine Villa am See am helllichten Tag (2,5 km von Ihnen entfernt)
12.3.06: Rumänische Diebesbande in Zürich-Unterstrass unterwegs (1 km von Ihnen entfernt)

Wir haben Ihr Haus von der Straße aus begutachtet, wie es ein typischer Einbrecher auch tun würde. Bei Ihrem Haus würde der Einbrecher drei von der Straße aus gut einsehbare Möglichkeiten entdecken, um einzudringen und Ihre Wertsachen oder unersetzliche Erinnerungsstücke zu stehlen.

1. Durch Ihr Garagentor: Der Einbrecher provoziert einen Kurzschluss.
2. Über den Balkon: Der Einbrecher öffnet mit einer Drahtschlaufe.
3. Durch die Haustür: Der Einbrecher nimmt einen Schraubenzieher.

Beiliegend die Fotos von den Schwachstellen Ihres Hauses. Am 13. Juni 2006 findet ein Vortrag statt zum Thema „Einbruchsicherung am Einfamilienhaus“, in dem wir Ihnen aufzeigen, wie Sie Ihr Haus mit einfachen Mitteln zu 100 Prozent gegen jegliche Einbrecher schützen können. Beiliegend das Anmeldeformular.

Mit freundlichen Grüßen[5]

5 Informationen zu einbruchsichern Häusern: www.scherrer-security.ch

Eine gute Rede ist nur ein Teil des Erfolgs. Ich gebe meinen Coachingkunden auch zusätzlich immer noch Marketingtipps, die dann teilweise mehr zum Erfolg beitragen, als die Rede selber.

Einen anderen Nebenschauplatz, um gesamthaft erfolgreich zu sein, entdeckte ich, als eine Immobilienmaklerin zu mir ins Coaching kam, um ihre Verkaufspräsentation und das Verkaufsgespräch durchzustylen. Sie schickte üblicherweise dem potenziellen Kunden nach dem ersten Gespräch ein Angebot, dem sie gleich den Maklervertrag beilegte, und berichtete, dass viele Kunden nach dem Zuschicken des Angebots nichts mehr von sich hören ließen. Ich bat sie darum, einen Blick in den Vertrag werfen zu dürfen. Und als ich ihn dann sah, war mir klar, warum sich niemand mehr meldete: Von solch einem Vertrag würde auch ich Abstand nehmen.

Das war ein Auftrags-Verhinderungs-Vertrag. Das Problem ist: Der Vertrag wurde von Juristen gestaltet! Diese haben erstens den Selbstrechtfertigungsdruck und müssen daher kompliziert schreiben, und zweitens haben sie keine Ahnung von widerstandsloser Sprache und Unterbewusstsein. Lieber Leser, Juristen wollen uns immer wieder weismachen, man müsse dieses linkshirnige Juristendeutsch schreiben, weil Verträge nur dann juristisch einwandfrei seien und vor Gericht präzise interpretiert werden könnten. Das ist gelogen! Sonst bräuchte man ja keine gerichtliche Auseinandersetzungen mehr. Sie können alles in verständlicher, normaler Alltagssprache formulieren, und es geht trotzdem nichts an juristischem Sachverhalt verloren, im Gegenteil: Es wird meistens sogar eindeutiger.

Der Vertrag meiner Maklerin war in weiten Teilen nicht auf Anhieb von Laien zu verstehen, und aus jedem

Satz konnte man Angst, Drohung und Misstrauen gegenüber dem Kunden herauslesen. Der Kunde als potenzieller Feind! Ich las den Vertrag durch und konzentrierte mich dabei nur auf meinen Bauch. Ergebnis: Es gab keinen einzigen Absatz, der bei mir nicht Widerstand auslöste.

Da stand zunächst: „Der Auftraggeber, nachfolgend AG genannt …". Und im Folgenden nur noch: „Der AG verpflichtet sich …" Was macht Ihnen mehr Lust: ständig mit „AG" angesprochen zu werden oder mit Ihrem richtigen Namen? Wir tauschten zunächst einmal überall im Vertrag das „AG" durch den Namen des Kunden aus, zum Beispiel „Herr Geiger"; und das anonyme Wort „der Makler" ersetzten wir durch „Frau Kaiser". Das trug massiv zur Verständlichkeit des Vertrages bei und löste Hinzu-Gefühle statt Weg-von-Gefühle aus. Hier ein weiteres Zitat:

> „Der Makler hat im Sinne von Art. 412ff. OR Gelegenheit, den Abschluss eines Verkaufs oder Tauschvertrages nachzuweisen oder den Abschluss eines solchen zu vermitteln."

Wie oft muss ein durchschnittlicher Nichtjurist diesen Satz durchlesen, bis er ihn versteht? Ich habe ihn nur durch Nachfragen an meine Maklerin verstanden. Der Kunde, der so einen Vertrag auf seinem Küchentisch liegen hat, hat diese Gelegenheit nicht, er bekommt Albträume. Im Zweifel wird er *gar nichts tun*. Und das taten ihre Kunden ja auch in der Regel.

Niemand aber verbietet es, in einem Vertrag einen Nutzen für den Kunden zu nennen. Und so formulierten wir den Satz dann auch um:

„Ausschließlich Frau Kaiser sucht Käufer für das Objekt (nach Art. 412ff. OR). Das entlastet Herrn Geiger und stellt sicher, dass keine unterschiedlichen Versprechungen und Preise im Umlauf sind."

Hier ein weiterer Verkaufs-Verhinderungs-Absatz:

„Der Makler hat ferner auch Anspruch auf die volle Provision, wenn er während der Vertragsdauer einen Interessenten nachweist, der AG aber den Verkauf nicht mehr tätigen will."

Da bekommt doch ein normaler Mensch Angstzustände! Und so sah der Absatz nach der Umarbeitung aus:

„Wenn Frau Kaiser einen kaufwilligen Interessenten vorstellt, Herr Geiger aber diesem das Haus nicht verkaufen möchte, so erstattet Herr Geiger aus Gründen der Fairness trotzdem die vereinbarte Provision."

Und so formulierten wir Absatz für Absatz um. Wenn ich aufgrund eines Vertrags eine Entscheidung treffen muss, dann darf kein Absatz Widerstand auslösen. Mein Tipp:

Entziehen Sie den Juristen die Verträge und lassen Sie sie von Marketingprofis formulieren.

Aber Achtung: Meiner Erfahrung nach arbeiten bei 80 Prozent aller Marketing-, PR- oder Werbeagenturen Menschen, die energielose Sprache ebenfalls nicht von energievoller Sprache unterscheiden können. Also Augen auf, wem Sie Ihre Verträge anvertrauen!

Wann hören wir hin?

Ich habe mich in meinen Analysen packender Reden immer auch mit der Frage beschäftigt, wann Menschen gebannt zuhören. Es ging mir darum, die organisierenden Prinzipien dahinter zu entdecken. Jedes Mal, wenn das Publikum wie gebannt einem Redner lauschte, fragte ich mich: Was ist das allgemeingültige Prinzip dahinter, das jeder nachahmen kann? So bin ich auf verschiedene Elemente gestoßen, die dafür sorgen, dass Menschen garantiert zuhören. Wenn Sie diese Elemente in Ihre Rede einbauen, haben Sie 200 Prozent Aufmerksamkeit.

Die Wahrheit

Jeder Beruf zieht gewisse Menschentypen an, so natürlich auch der Trainerberuf. Ich will meinen Berufsstand einmal so beschreiben: Trainer sind selbstverliebte, sich selbst überschätzende, eitle Egomanen, ausgestattet mit einem starken Hang zur Selbstdarstellung und angesiedelt gleich unterhalb von Gott. Je bekannter der jeweilige Trainer ist, umso ausgeprägter ist diese Haltung im Normalfall. Fast jeder Vertreter dieser Spezies erzählt Ihnen ungefragt von begeisterten Anhängern, sagenhaften Umsätzen, atemberaubenden Buchverkaufszahlen, wahnwitzigen Teilnehmerscharen, astronomischen Tageshonoraren, ausgebuchten Terminkalendern und nicht zuletzt von seinen teuren privaten Anschaffungen.

Nun denken Sie vielleicht, dass Matthias Pöhm sicherlich die lobenswerte Ausnahme darstellt. Aber wenn ich ehrlich bin … Nein! Wir typischen Trainer leiden allesamt unter einer Profilneurose. Wir haben diesen Beruf gewählt, weil wir um Anerkennung betteln. Sie fragen sich, warum ich das überhaupt schreibe? Ich will Ihnen eines der wichtigsten rhetorischen Wesenselemente demonstrieren, das Ihnen die größtmögliche Aufmerksamkeit Ihrer Zuhörer garantiert: Die Wahrheit!

Stellen Sie sich vor die Leute hin und sagen Sie:

> „Warum ärgern Sie sich über jemanden, der sich auf der Abbiegespur in einem Stau vordrängelt? Sie ärgern sich, dass andere scheinbar leichter durchs Leben gehen als Sie, weil sie Dinge wagen, wozu *Sie* zu feige sind!"

Ihr Publikum wird an Ihren Lippen hängen. Stellen Sie sich vor die Leute hin und sagen Sie:

> „Wir schreiben in unserer Firmenvision: Der Kunde steht bei uns im Mittelpunkt. Das ist eine Lüge! Schauen Sie nur Ihre eigenen Gedanken an."

Ihr Publikum wird an Ihren Lippen hängen. Stellen Sie sich vor die Leute hin und sagen Sie:

> „95 Prozent aller Beziehungen werden nicht aus Liebe, sondern aus Angst eingegangen. Angst, keinen anderen Menschen kennenlernen zu können, Angst vor dem Alter; Angst vor dem Alleinsein!"

Ihr Publikum wird an Ihren Lippen hängen.

Eigene Lebensregeln

Ich habe festgestellt, dass die Menschen nach Lebensregeln lechzen. Aber sie lechzen um ein Vielfaches mehr nach den *eigenen* Lebensweisheiten des Redners als nach etablierten Sprüchen von Goethe, Laotse, Christus oder Buddha. Damit stehe ich wieder mal im Gegensatz zu der gängigen Rhetorikratgeberliteratur, die Ihnen als Einstieg oder Abschluss prominente Zitate empfiehlt. Ich habe festgestellt, dass das altväterlich und ausgelutscht klingt.

Stellen Sie sich einen Redner vor, der sagt:

> „Wie Laotse schon so treffend gesagt hat: ‚Auch ein langer Weg beginnt mit dem ersten Schritt.'"

Und nun stellen Sie sich einen zweiten Redner vor, der sagt:

> „Ich habe für mich etwas vom Leben gelernt: Auch wenn du einen langen Weg vor dir hast – geh einfach los!"

Dem zweiten Redner hören Sie mit viel größerer Aufmerksamkeit zu. Das ist eine schlichte Tatsache.

> Verkünden Sie Ihre EIGENE Lebensweisheit – das wirkt authentisch und kommt wesentlich besser an als Zitate berühmter Persönlichkeiten.

Hier eine Passage aus einer meiner Reden:

> „Ich habe über meinem Schreibtisch einen Spruch hängen, der mir schon oft geholfen hat. Dort steht:
> ‚Wenn du zwei Wege zu gehen hast im Leben, und du weißt nicht, ob du den rechten oder den linken gehen sollst, dann nimm immer den Weg, vor dem du am meisten Angst hast. Das ist der richtige!'"

Der Spruch hängt wirklich über meinem Schreibtisch. Wenn Sie so etwas verkünden, haben Sie die höchste Aufmerksamkeit des Publikums. Ich empfehle Ihnen sogar, bei Lebensweisheiten, die von bekannten Persönlichkeiten stammen und die Sie verinnerlicht haben, nicht mehr den Urheber anzugeben, sondern sie nur noch als eigene Wahrheit zu verkünden. Hören Sie sich einmal den Unterschied in der Wirkung an:

> „Der bekannte NLP-Trainer Gernot Asanger sagte einmal:
> ‚Wir wollen etwas darstellen, um geliebt zu werden, und dann werden wir geliebt … für die Darstellung.'"

Und hier die zweite Version, verkünden Sie jetzt selbst:

> „Ich will Ihnen etwas sagen: Wir wollen etwas darstellen, um *geliebt* zu werden. Und dann *werden* wir geliebt … für die Darstellung!"

Sie dürfen das! Denn Sie helfen den Menschen dadurch mehr. Eine Lebensregel, die Ihnen geholfen hat, wird auch anderen helfen. Es ist *Ihre* verinnerlichte Lebensregel! Sie bewegt Menschen um ein Vielfaches mehr als eine Regel aus dritter Hand.

Aber dazu ist die wichtigste Eigenschaft guter Rhetorik erforderlich: Mut! Ich lerne in meinen Coachings und Rhetorikseminaren oft spannende Menschen kennen: Wissenschaftler, Unternehmer, Erfinder, Führungskräfte, Künstler, Sportler. Jeder ist in seinem Bereich außergewöhnlich und erfolgreich. Wenn ein Mann aus dem Nichts eine Firma mit 200 Mitarbeitern aus dem Boden stampft und etliche Krisen und Niederlagen durchsteht, dann hat er etwas mitzuteilen, das anderen als Richtschnur dienen kann. Nur trauen sich diese Menschen meist nicht. Dahinter steckt eine Angst: Bin ich so bedeutend, dass ich so etwas sagen darf? Unsere größte Angst ist nicht die, zu versagen, – unsere größte Angst ist, bedeutend und großartig zu sein und das auch noch verkünden zu müssen. Aber Sie sind großartig! Ja – Sie! Und Sie dürfen es auch aussprechen. Ich möchte Sie dazu ermutigen. Tun Sie es als Vorbild für die anderen. Sie lechzen danach. Und Sie geben ihnen durch Ihr Beispiel die Erlaubnis, es *auch* zu tun.

Benutzen Sie Formulierungen, die die Lebensregel als solche deklarieren. Wenn Sie einen Satz mit folgenden Anfangsworten einleiten, ist Ihnen allerhöchste Aufmerksamkeit sicher: „Ich habe etwas gelernt vom Leben …“, „Mir ist etwas klargeworden …“ „Ich gebe Ihnen den Tipp …“, „Ich habe etwas für mich erkannt …“ usw.

Schicksalsschläge und Niederlagen

Berichte von eigenen Schicksalsschlägen und Niederlagen sind absolute „Hinhörer“. Allerdings sollten Sie diese Schicksalsschläge überwunden haben und nicht immer noch darunter leiden – dann ist das ein Thema höchster Aufmerksamkeit.

Machen Sie Ihre Niederlage zu einem Trumpf.

Als ich noch in Genf als Software-Ingenieur arbeitete, hatten mich die Mitarbeiter als Personalvertreter gewählt. Dann kam eines Tages die Mitarbeiterversammlung, die mein Leben verändern sollte. Wir sitzen gemeinsam mit rund 50 Kollegen in einem Saal. Vorn referiert der Chef. Plötzlich sieht er mich in der Menge. Er sagt unvermittelt: „Ach, Herr Pöhm ist da. Er könnte mal schnell etwas zum Thema Personalvertretung sagen."

Es trifft mich wie ein Pfeil. Mein Herz beginnt zu rasen, und mit zittrigen Beinen stehe ich auf. Ich sehe die erwartungsvollen Blicke der Kollegen. Stammelnd beginne ich zu reden. Das Blut schießt mir in die Wangen. Meine Stimme bebt, zerhackt vom rasenden Pulsschlag meines Herzens. Schweiß läuft mir von der Stirn, und ich versuche, einen sinnvollen Satz zu sagen, doch meine Worte ergeben keinen Sinn. Das Gehirn scheint wie leer gefegt, und alles, was ich je über Personalvertretung wusste, ist wie weggeblasen. Ich bemerke, dass die Ersten betreten zu Boden blicken. Es ist peinlich, mich anzuschauen. Ich wünschte, der Boden täte sich auf und ich könnte einfach verschwinden. Irgendwann setze ich mich wieder.

Endlose Sekunden vergehen, bis der Chef wieder das Wort ergreift und versucht, die Situation zu retten. Der gewählte Personalvertreter war vor der ganzen Belegschaft blamiert! Das war so peinlich, dass ich zwei Tage nicht mehr in die Firma gehen wollte. Das war der der Anfang meiner Karriere!

Wenn ich diese Geschichte im Seminar erzähle, habe ich allerhöchste Aufmerksamkeit. Es ist keine glorreiche Geschichte, die ich da erzähle. Aber diese Niederlage wurde zum Beginn meiner Karriere. Ich erzähle dann weiter, darüber, wie ich mich danach wie ein Besessener mit öffentlichen Reden beschäftigte und Schritt für Schritt zu dem geworden bin, der ich heute bin.

Dies ist das wesentliche Element von Niederlagengeschichten: Sie müssen daraus etwas gelernt oder diese Niederlage überwunden haben. Wenn Sie nur sagen: „Meine Firma steckt im Moment in der Krise. Es sieht schlecht aus. Wir haben zwölf Leute entlassen müssen, und die Aufträge bleiben aus. Ja nun!" Aber dann ernten Sie nur Mitleid – weil Sie in der Krise stecken und die Geschichte nicht zu einem guten Ende weitererzählen können.

Ich hatte einmal eine Politikerin im Seminar, die mit einem gravierenden Sprachfehler geboren worden war. Sie stellte sich vor uns hin und ahmte nach, wie sie als Kind gestammelt hatte. Man konnte sie nur mit größter Mühe verstehen, es klang wie Urlaute. Alle Ärzte hatten ihr und ihrer Mutter gesagt, dass dieser Sprachfehler nie zu beheben sein würde – sie würde damit leben müssen. Das Allerschlimmste aber war: Ihre Mutter schämte sich für die Tochter und vermied es, mit ihr nach draußen zu gehen. Als das Mädchen 15 Jahre alt war, stand es eines Tages vor dem Spiegel und sagte zu seinem Spiegelbild: „*Du wirst diesen Sprachfehler beheben!* Egal, wie lange es dauert, egal, welche Mühe es kostet, du wirst es tun!" Von Stund an trainierte sie jeden Tag. Allein, geheim, ohne Anleitung und ohne Unterstützung von außen. Jeden Tag stand sie vor dem Spiegel und trainierte. Tag für Tag, Woche für Woche, Monat für Monat. Das Ergebnis konnten wir alle im Seminarraum bewundern. Nicht das leiseste sprachliche Handicap war bei ihr mehr zu spüren.

Sie alle sind durch schwere Krisen gegangen, durch Momente großer Einsamkeit, durch Krankheiten und Erfolglosigkeit. Erzählen Sie es: Die Leute werden an Ihren Lippen hängen!

„Das hab' ich nicht gewusst!"

> Die alten Assyrer legten ihre Städte immer an leicht abschüssigen Hängen an. Anhand der Ruinenstädte hat man festgestellt, dass sie die Türen ihrer Häuser immer nur bergab bauten. Lange Zeit fragte man sich nach dem Grund – bis man eines Tages bei Ausgrabungen auf die Lösung stieß: Die Archäologen entdeckten in der Nähe der Städte Kanalsysteme. Die Assyrer hatten das Wasser an die Stadt herangeleitet und einmal im Monat oberhalb der Stadt die Schleusen geöffnet, sodass das Wasser mitten durch die Stadt floss. Das war ihre Müllentsorgung!

So einer Geschichte hören Sie mit offenem Mund zu. Das organisierende Prinzip dahinter ist:

> Sie erfahren etwas Unerwartetes, das Sie nicht gewusst haben.

Jedes Mal, wenn Sie eine Information geben, von der Sie ausgehen können, dass sie Ihr Publikum nicht kennt und sich etwas Unerwartetes dahinter verbirgt, erzielen Sie diesen Effekt. Und wenn Sie das in eine Geschichte kleiden, wie ich soeben, dann ist die Wirkung noch größer.

> Unser Wort „Schnee" lässt sich nicht in die Eskimosprache übersetzen (unerwartet!). Die Eskimos kennen nämlich kein Wort, das unserem Wort „Schnee" entspricht. Die Eskimos haben 200 Wörter für verschiedene Schneearten (Oh, das wusste ich nicht!), aber keinen Überbegriff „Schnee" wie wir.

Klingt doch interessant, oder? Dieser Effekt stellt sich immer ein, bei allen Information, die Sie mit der Frage: „Wussten Sie schon?“ einleiten könnten. Sie müssen das nicht, aber wenn diese Frage passt, dann ist das ein gutes Indiz dafür, dass es sich um solche Informationen handelt. Das Guinness-Buch der Rekorde ist eine unerschöpfliche Quelle für derartige Informationen. Denn Superlative erfüllen fast immer dieses Kriterium.

> „Auf der Erde existieren 112 chemische Elemente. Alle diese Elemente sind im Periodensystem aufgelistet, darunter Kohlenstoff, Eisen, Wasserstoff, Selen usw. Das seltenste Element ist Astat: Sein weltweites Vorkommen in der Erdkruste wird auf 25 Gramm geschätzt.“ (Das klingt doch interessant, denn: „Das hab’ ich nicht gewusst!“ + unerwartet.)

> „Wissen Sie, wie viel der schwerste Mann der Medizingeschichte wog? (Pause) Es war Jon Brower aus Minnoch in den USA. 1978 kam er wegen Lungenbeschwerden ins Krankenhaus. Man hievte ihn auf eine Spezialwaage: Das angezeigte Gewicht betrug SECHSHUNDERT-FÜNFUNDREISSIG Kilogramm.“ (Das klingt doch interessant, denn: „Das hab’ ich nicht gewusst!“ + unerwartet.)

Ich sprach einmal auf einem Kongress vor Lothar Späth. Lothar Späth ist ein Redner, der die Menschen wirklich begeistert. Eines der häufigsten Stilmittel, mit denen er seine Reden zum Ohrenschmaus macht, ist: „Das hab’ ich nicht gewusst, das ist ja interessant.“ Er erzählte beispielsweise, wie die Autoindustrie weltweit verzahnt ist. Alle Autofirmen der Welt beliefern sich inzwischen wechselseitig mit Achsen, Getrieben, Motoren usw. Bei einem Mercedes made in Germany kommt praktisch nichts mehr aus Deutschland. Sämtliche Einzelteile werden aus der ganzen Welt zusammengekarrt und kommen teilweise auch von Autofirmen, bei denen Sie sonst die Nase rümpfen würden. Und in Untertürkheim wird alles nur noch zusammengeschraubt. Auch hier begegnen uns die beiden Elemente:

1. „Das hab' ich nicht gewusst!"
2. unerwartet.

Eine Teilnehmerin im Rhetorikseminar war bei einer Firma beschäftigt, die Papiermaschinen herstellt. Sie teilte uns eine Information mit, die mich inklusive aller anderen Teilnehmer höchst beeindruckte.

Diese lautet:

> „Die größten dieser Papiermaschine wiegen heutzutage 200 Tonnen, sie sind drei Stockwerke hoch und kosten mehr wie ein Airbus 380. Sie zahlen ca 250 Millionen Euro." (Das klingt doch interessant, denn: „Das hab' ich nicht gewusst!" + unerwartet).

Alles, was mit Historie zu tun hat, erfüllt ebenfalls sehr oft dieses Kriterium. Spüren Sie Ihre eigene Neugier, wenn jemand seine Geschichte einleitet wie folgt?

- „Wussten Sie, wie die Römer die Farben für ihre Kleidung gewonnen haben?"
- „Wussten Sie, nach welchem Kriterium Napoleon seine Feldzüge geplant hat?"
- „Wussten Sie, wie die Damen von Adel im Mittelalter geschlafen haben?"

Hier noch eine schöne Geschichte dieser Kategorie:

„Wissen Sie, woher der Begriff ‚Arschkarte' kommt?
Er stammt aus der Zeit, als Fußball im Fernsehen noch in Schwarzweiß übertragen wurde. Die Zuschauer an den Bildschirmen erkannten von der Farbe her nie, wann der Schiedsrichter die rote Karte zog und wann die gelbe. Also einigte man sich, dass der Schiedsrichter die Karten immer von unterschiedlichen Orten hervorholen sollte. Die gelbe Karte zog er aus der Hemdtasche und die rote Karte aus der Gesäßtasche seiner Sporthose – die Arschkarte!"

Das klingt doch interessant, denn: „Das hab' ich nicht gewusst!" + unerwartet.[6]

Wissenschaftliche Untersuchungen mit erstaunlichem Ausgang

Man hat Untersuchungen angestellt: Man wollte herausfinden, was den Ausschlag gibt, dass ein Affe zum Alpha-Tier wird, das als Chef über den anderen Affen steht. Deshalb hat man das Blut des Chef-Affen untersucht und festgestellt, dass es einen Wert gibt, der wesentlich höher ist, als bei allen anderen Affen. Es handelt sich dabei um die Menge des im Blut enthaltenen Serotonins. Man wusste aber noch nicht, was zuerst da war: Wurde der Affe zum Boss der Truppe aufgrund seines hohen Serotoninspiegels, oder wurde er Chef, und daraufhin stieg der Serotoninwert an? Also entschloss man sich zu einem Versuch: Man spritzte einem verhuschten Affen aus der untersten Hierarchieebene Serotonin – und siehe da, schon am nächsten Tag saß er auf dem Platz des Alphatiers in der obersten Astgabel. Die Wirkung hielt aber nur so lange an,

6 Auf meiner Website www.rhetorik-seminar.ch finden Sie eine große Sammlung solcher Hinhörgeschichten.

bis das künstliche Serotonin im Blut aufgebraucht war. Einen Tag später hatte er schon wieder seinen Platz verloren …[7]

Klingt doch interessant, oder? Wenn Sie von wissenschaftlichen Untersuchungen mit erstaunlichem Ausgang erzählen, ist das offenbar ebenfalls ein absoluter Hinhörer. Allerdings dürfen Sie nicht einfach das Ergebnis der Untersuchung bekannt geben (wie das übrigens fast alle Wissenschaftler tun), sondern müssen den *Verlauf* des Experiments schildern, ohne das Ergebnis zu verraten. Dadurch wird Spannung aufgebaut.

Liebe Zuhörer, beobachten Sie bitte, welches Bild vor Ihrer geistigen Leinwand entsteht, wenn Sie folgenden Satz hören: „Bitte legen Sie auf keinen Fall die Schere in den Kühlschrank!" (Pause) Da liegt eine Schere im Kühlschrank – stimmt's? Dazu Folgendes: Sie kennen die „Idiotenhügel" auf den Skipisten, auf denen Anfänger ihre ersten Fahrversuche unternehmen. Man unternahm ein Experiment mit einer ahnungslosen Gruppe erwachsener Skifahrer und weihte nur den Skilehrer ein. Mitten auf dem Hang des Idiotenhügels stand einsam ein Baum. Das Experiment wurde über sieben Tage durchgeführt, um statistisch relevante Mittelwerte zu erhalten. Am Rande der Skipiste standen getarnt die Experimentbegleiter und führten die Statistik. Am Vormittag erwähnte der Skilehrer den Baum mit keinem Wort und gab seinen normalen Skiunterricht: Stockeinsatz, Gewichtsverlagerung, Kurven fahren …
„Wir treffen uns unten am Skilift wieder."
Bis zum Mittag hatten zwischen 8 und 10 Prozent der Skifahrer Baumkontakt gehabt. Am Nachmittag hatten sie zwar schon mehr Erfahrung, aber diesmal stand der Skilehrer oben auf dem Hügel und sagte zu den Teilnehmern:

7 Nach Michael Spitzbart: *Fit im Körper-Fit im Kopf,* WESSP 2003.

„Sehen Sie alle den Baum da unten? Es ist absolut wichtig, dass Sie auf keinen Fall den Baum berühren! Bitte fahren Sie nicht in den Baum. Nicht streifen, nicht rammen – und was Sie absolut vermeiden müssen: frontal draufknallen." Der Skiunterricht ging weiter. Am Abend dann kam die Auswertung: 80 Prozent hatten Baumkontakt gehabt …

Jedes Mal, wenn Sie eine Geschichte mit dem Satz einleiten: „Man hat wissenschaftliche Untersuchungen angestellt …", erzeugen Sie eine aufgekratzte, neugierige Vorfreude beim Publikum. Noch besser funktioniert es mit dem Wort „Zufallsentdeckung". Ich habe festgestellt, dass es ein Signalwort ist, das sehr große Neugier auslöst. Hier eine Passage, die wir in die Rede eines Coaching-Kunden eingebaut haben:

„Der nächste Kunde, bei dem wir die Instandhaltung optimierten, war die Telekom! Deren Problem lag nicht nur in der Instandhaltung. Wir haben dort eine Zufallsentdeckung gemacht …"

Davon will man doch einfach mehr hören!

Menschliches Handeln, gute Taten

„Ich bin Zahnarzt. Eines Tages kam ein Mann mit abgewetztem Anzug in meine Praxis, der sich seine Zähne richten ließ. Er erzählte mir von seinen fünf Kindern, und ich hörte heraus, dass er in sehr ärmlichen Verhältnissen leben musste. Ich bekam Mitleid mit ihm. Die Zähne habe ich ihm umsonst geflickt. Als ich seine Dankbarkeit erlebte, wusste ich, dass es ihm wirklich schlechtging. An Heiligabend verkleidete ich mich als Weihnachtsmann, kaufte im Supermarkt einen ganzen Wagen voller Lebensmittel ein und fuhr in die Gegend, in der der Mann wohnte. Da ich keine genaue Adresse hatte, fragte ich einfach Passanten nach der Adresse dieses Mannes. Alle wollten mir, dem Weihnachtsmann, helfen. Es kamen sogar Leute aus den Häusern gelaufen, um ihre Hilfe anzubieten. Schließlich fand ich die Wohnung. Ich klingelte und übergab dem verdutzten Vater und den Kindern unerkannt die Geschenke und verschwand wieder."

Auch dies war ein Ausschnitt aus einer Rede eines meiner Coaching-Kunden. Menschen hören gebannt zu, wenn wir von guten Taten berichten.

Am 26. Dezember 2004 tötete der verheerende Tsunami hunderttausende Menschen in Asien. George Bush sen. und Bill Clinton flogen zusammen in einem Flugzeug nach Asien, um den Opfern vor Ort Hilfe zuzusagen. Es war eine Maschine, in der sich nur eine Schlafgelegenheit befand. Bill Clinton sagte dem 80-jährigen Bush, er solle sich ruhig schlafen legen, für ihn selbst sei Schlaf nicht so wichtig. Als Mr. Bush zwischendurch aufwachte, um zur Toilette zu gehen, sah er Bill Clinton im Gang am Boden schlafen.

Solche Geschichten hören die Menschen gern: So möchten wir im Grunde alle sein – viel menschlicher, viel hilfsbereiter, viel mitfühlender. Erzählen Sie von guten Taten, von anderen und auch von Ihnen selbst. Viele denken vielleicht: Aber wenn ich von guten Taten von mir berichte, klingt das doch nach Selbstbeweihräucherung. Das will ich nicht! – Doch, erzählen Sie es! Wir brauchen Vorbilder, Vorbilder, Vorbilder! Vorbilder selbstlosen Gebens, Vorbilder an Zivilcourage, Vorbilder an Menschlichkeit, Vorbilder an Anstand. Wenn alle, die gut handeln, ihr gutes Handeln verschweigen, dann kommt nur das in der Öffentlichkeit an, was in den Zeitungen steht. Und das ist leider ein negatives Zerrbild menschlichen Handelns.

Hier ein Brief, den ich an meinen ehemaligen Arbeitgeber geschickt habe:

Lieber Fredy,

genau heute am 15. September 2005 ist es zehn Jahre her, dass um 16 Uhr bei mir im Büro das Telefon klingelte. Du warst dran und hast gesagt: „Matthias, komm bitte mal in mein Büro …"
Als ich oben in Deinem Büro war, hast Du mir eröffnet, dass ich fristlos entlassen sei. Ich will Dir aus meiner heutigen Sicht sagen: Du hattest recht. Ich war in Gedanken nicht zu 100 Prozent in Deiner Firma. Meine Gedanken waren bei meinem Lebenstraum. Ich hatte nicht den Beruf, der mit meiner Seele in Einklang war. Du weißt vielleicht nicht, dass Du mir damals mit Deiner Kündigung etwas Gutes getan hast. Du hast mich abrupt auf den Weg gesetzt, auf dem mit beiden Füßen zu gehen ich vorher nicht den Mut hatte.
Ich habe seither ein paar Dinge gelernt: Es passiert nichts im Leben ohne Grund, und alles, was passiert, ist letztlich gut, auch wenn man es auf Anhieb nicht immer gleich erkennen kann. Heute bin auch ich Unternehmer wie Du und weiß, was es bedeutet, Mitarbeiter zu haben, die mit all ihren Gedanken in der Firma sind.
Damals hast Du mir 15.000 Franken als Abfindung zahlen müssen. Dieses Geld hat mir in der Anfangszeit meiner Selbstständigkeit sehr geholfen. Du hast mir dadurch die Chance gegeben, mein Leben in die Hand zu nehmen und zu der Person zu werden, die ich immer werden wollte. Irgendwann ist mir bewusst geworden, dass dieses Geld ein Kredit vom Leben war, und ich habe das Gefühl, dass ich es dem Leben zurückgeben muss. Es war moralisch immer

Dein Geld, und es hat immer Dir gehört. Hier hast Du es wieder zurück.

Ich danke Dir für Deine Hilfe.

Ich habe Dir meine fristlose Entlassung niemals übel genommen und hatte Dich immer in respektvoller Erinnerung.

Matthias

Dem Brief waren 15.000 Franken in bar beigelegt.

Die Zeitlupentechnik: Ergebnisse gut verkaufen

Ich habe eine Frage an Sie. Wenn jemand erzählt: „Wir haben im letzten Jahr von einem Kunden, den wir unbedingt haben wollten, schließlich einen Auftrag erhalten.“, ist das eine besondere Leistung, oder nicht? Wirklich überlegen, was denken Sie?

Wie ich festgestellt habe, gibt es da kein objektives Ja oder Nein, es gibt nur ein „es wirkt“ oder „es wirkt nicht“.

Die Aussage, so wie sie da steht, reißt einen nicht vom Hocker.

Eine Leistung als Ergebnis ist erst einmal wirkungsneutral. Es gibt keine objektive große Leistung, es gibt nur eine groß wirkende Leistung.

Ein Unternehmensberater erzählt seinen potenziellen Kunden bei einem Vortrag folgende Geschichte:

> Ich will Ihnen mal ein Beispiel geben, wie wir arbeiten. Wir hatten letztes Jahr einen Auftrag bei einer Maschinenbaufirma in Stuttgart. Wir haben die Firma durchgescannt und geschaut, was dort alles zu verbessern war. Die größte Herausforderung bestand darin, die Produktion von einem runden Gehäusebauteil für eine Stanzmaschine, von dem pro Monat 8400 Stück gebraucht wurden, zu beschleunigen. In dieser Firma war vor zwei Jahren schon einmal eine Unternehmensberatung am Werk gewesen, und die hat die Produktionszeit dieses Bauteils schon von 12 auf 8,4 min verbessert. Wir sahen keine Möglichkeit, hier noch irgendetwas zu beschleunigen. Die Beratungsfirma davor hatte gute Arbeit geleistet.

Das Problem bestand darin, dass die Arbeiter, die das Bauteil fertigten, schon an ihrer physischen Maximalgeschwindigkeit angelangt waren.

Wir hatten eine Sitzung, und dort sagte mein Mitarbeiter: „wenn wir alle Möglichkeiten ausschöpfen, denke ich, dass wir maximal eine Verbesserung von 8.4 auf 7 Minuten schaffen. Wenn wir das schaffen, haben wir eine Revolution hinbekommen". Ich ging aus der Sitzung, und ich dachte bei mir: „Das schaffen wir nie!" Dann gingen wir ans Werk. Wir hatten etliche Ideen, von denen wir alle am Werkplatz ausprobierten.
Vier Wochen später kam der große Tag: Wir machten die Schluss-Messung, wie lange das Produktionsstück tatsächlich brauchte. Die alte Zeit war uns allen in den Köpfen: 8,4 Minuten! Der Arbeiter gab das Werksstück vorne in die Produktionsstraße, hinten stand unser Herr Geiger mit einer Stoppuhr und drückte „Start". Herr Geiger schaut gebannt auf den Arbeiter, wir alle schauten gebannt auf Herrn Geiger. Der Mann drinnen bearbeitet das Werkstück und gab es, als es fertig war, in den Container. Herr Geiger drück Stopp, schaute auf die Uhr und schrieb einen Wert in eine Tabelle auf einem Schreibblock. Damit wir statistisch relevante Zahlen hatten, sollten 10 Versuche hintereinander gefahren werden.
Das zweite Werkstück fiel in den Container, Herr Geiger drückte wieder Stopp: Wieder nahm er die Zeit und schrieb sie in seine Tabelle. Das dritte, das vierte, das fünfte Werkstück genauso ... bis schließlich das sehnsüchtig erwartete zehnte Werkstück in den Container fiel. Herr Geiger nahm einen Taschenrechner, tippte einige Zahlen und rief dann zu uns herüber: Der Durchschnittswert ist: Vier Komma zwei Minuten!

Klingt doch spannend, oder?

Die meisten Menschen sind nicht in der Lage, eine einmal erbrachte Leistung so rüberzubringen, dass der Zuhörer auch beeindruckt ist.

Eine einmal erbrachte Leistung so zu schildern, dass das beim Gesprächspartner Bewunderung hervorruft, ist eine der stärksten vertrauensbildenden Elemente.

Die vorhergehende Geschichte ist in einer Art und Weise erzählt, dass eine dahinterliegende Struktur eingehalten worden ist. Diese Struktur werde ich Ihnen gleich vorstellen. Mit ihr können Sie jede beliebige erbrachte Leistung mit derselben Wirkung rüber bringen, wie in der Geschichte soeben.

Ob Sie ein Unternehmensberater sind, der die Produktionszeit halbiert hat, ob Sie ein Anwalt sind, der einen aussichtslosen Prozess trotzdem gewonnen hat, oder ob Sie ein Werbeagenturinhaber sind, der eine Werbekampagne mit Erfolg durchgeführt hat ... dieser rote Faden ermöglicht es Ihnen, ihre eigene Erfolgsgeschichte mit derselben Power und derselben Wirkung zu vermitteln.

Und wenn Sie das so beeindruckend schildern können, fasst der potenzielle Kunde tiefes Vertrauen in Ihre Fähigkeiten.

Menschen haben die Tendenz, einem erfolgreichen Menschen alles zuzutrauen. Wenn Sie in einem Bereich Erfolg bewiesen haben, dann traut man es Ihnen in allen Bereichen zu. „Erfolg klebt an seinen Versen".

Hier ist der rote Faden, an den ich mich mit meiner Geschichte sklavisch gehalten habe und mit dem auch Sie jede beliebige Erfolgsgeschichte zu einer Highlight-Geschichte machen können.

Die Zeitlupentechnik

1) Beschreiben Sie eine dramaturgische Schwierigkeit.

2) Erzeugen Sie eine fehlgeleitete Erwartungshaltung.

3) Dehnen Sie den Moment des Ergebnisses in Zeitlupe auseinander.

Falls es eine spannende Methode gab, geben Sie sie erst danach bekannt.

Und so gehen Sie im Detail vor:

1) Beschreiben Sie eine dramaturgische Schwierigkeit

Dies ist eine der wichtigsten Regeln, die von den meisten aber nicht beachtet wird, wenn sie Ergebnisse als tolle Leistung schildern wollen: Sie müssen vorher eindringlich eine Schwierigkeit beschreiben. Die meisten Redner geben das erreichte Ergebnis einfach so bekannt und erwähnen nicht die Schwierigkeit, dorthin zu gelangen.

Das klingt dann so unspektakulär, als ob das jedermann könnte. Damit wirkt aber auch das erreichte Ergebnis unspektakulär. Erzeugen Sie deshalb in der Rede das Gefühl einer fast unüberwindlichen Schwierigkeit.

Die Schwierigkeit muss fühlbar, spürbar, riechbar sein. Es reicht nicht zu sagen: „Ja, es war schwierig." Da entstehen weder Bilder noch Gefühle. Damit die Schwierigkeit auch spürbar ist, müssen Sie etwas länger darüber reden. Sie müssen es möglichst konkret, bildhaft und im Detail beschreiben.

Wenn keiner die Schwierigkeit spürt, dann spürt auch keiner Ihre erbrachte Leistung.

In der oben erzählten Geschichte des Unternehmensberaters war das Element der Schwierigkeit, dass vorher schon eine Unternehmensberatung in der Firma war, die die Produktionszeit bereits von 12 auf 8,4 min verkürzt hatte. Die zweite Schwierigkeit lag darin, dass die Arbeiter an ihrer physischen Geschwindigkeitsgrenze angelangt waren.

2) Erzeugen Sie eine fehlgeleitete Erwartungshaltung

Wenn Sie einen Krimi im Fernsehen anschauen und nach 20 Minuten vermuten, dass der Mörder diesmal der Direktor war, und nach 90 min kommt tatsächlich heraus: der Mörder war der Direktor - war das ein guter Krimi?

Natürlich nicht. Ein guter Krimi ist es dann, wenn Sie zunächst den Direktor als Mörder vermuten und am Ende kommt überraschenderweise heraus, dass der Mörder der Pförtner war. Das war überraschend - das war gut!

Und genauso machen Sie es auch, wenn Sie Ihre Erfolgsgeschichte erzählen. Dasselbe Stilelement, das der Krimiregisseur einbaut, bauen auch Sie in Ihre Erfolgsgeschichte ein. Der Krimiregisseur leitet Sie bewusst auf eine falsche Fährte. Er blendet Bilder ein, von denen er weiß, dass seine Zuschauer wahrscheinlich falsche Schlüsse daraus ziehen. Genau dasselbe machen auch Sie:

Sie schalten eine fehlgeleitete Erwartungshaltung vor das Ergebnis. Sie führen dadurch Ihr Publikum bewusst auf eine falsche Fährte. Nur dann ist das erreichte Ergebnis auch überraschend großartig.

Im Beispiel der Geschichte des Unternehmensberaters war das die Szene, wo in der Sitzung gesagt wurde: „Bei dieser schwierigen Lage denke ich, dass wir maximal eine Verbesserung von 8.4 auf 7 Minuten schaffen".

Wenn das gesteckte Ziel 4 Minuten Produktionszeit gewesen wäre und Sie erreichen zum Schluss tatsächlich 4,2 min Produktionszeit, dann sind Sie enttäuscht - kein gutes Ergebnis.

Um für den Zuhörer eine Schwierigkeit fühlbar zu machen und gleichzeitig eine fehlgeleitete Erwartung zu erzeugen, hat sich ein Schlüsselsatz als wirksam erwiesen. Wenn Sie diesen Schlüsselsatz in Ihre Rede vor der Erwähnung des Ergebnisses einbauen, erzeugen Sie immer sowohl eine Steigerung der gefühlten Schwierigkeit als auch eine fehlgeleitete Erwartung und damit eine Steigerung Ihres Ergebnisses. Dieser Schlüsselsatz ist auch in der obigen Geschichte vorgekommen. Er lautet:

Ich denke: „Das schaffe ich nicht".

Sagen Sie beispielsweise: „Ich schaue auf die Umsatzzahlen und denke: Das schaffe ich nicht" Wenn Sie diesen

Satz platzieren, dann wird für den Zuhörer ein verstärkter Eindruck von Schwierigkeit erzeugt. Und damit wirkt Ihre Leistung umso großartiger. So einfach ist das.

3) Dehnen Sie den Moment des Ergebnisses in Zeitlupe auseinander

Jetzt der goldene Trick: Den Moment, in dem Sie das Ergebnis erfahren (durch ein Gespräch im Flur, durch ein Fax, durch ein Telefonat, durch ein Email, durch Dabeisein bei der Messung ...) dehnen Sie in Zeitlupe auseinander. Sie gehen plötzlich ins Detail, dehnen die Sekunden, bevor das Ergebnis bekannt wird, in der Einzelbildauflösung ins Unendliche. Damit verzögern Sie künstlich das Bekanntwerden des Ergebnisses. Dadurch entsteht die größtmögliche Spannung, und damit ist dann auch Ihr Ergebnis spannend (Hierbei wechseln Sie in die Wirksprache).

In der Geschichte des Unternehmensberaters war das der Moment, in dem das Ergebnis bei der finalen Messung mit der Stoppuhr bekannt gegeben wurde.

Der mutlose Amateur-Erzähler, der denkt, nur das Ergebnis bringe die Wirkung, sagt zusammenfassend: „Zum Schluss haben wir eine Zeit von 4,2 Minuten erreicht“. Das wirkt weder spannend noch beeindruckend. Dadurch aber, dass Sie den Moment, wo das Ergebnis feststand, dem Gesprächspartner quasi in Einzelbildauflösung schildern, entsteht diese gigantische Spannung, und damit wird auch das Ergebnis plötzlich „spannend“.

Geben Sie Methoden erst danach bekannt

Geben Sie innerhalb Ihrer drei Schritte nicht die Methoden und die Tricks bekannt, wie Sie das gute Ergebnis zu erreichen planen. Denn wenn Sie die geplanten Methoden und Maßnahmen in der richtigen chronologischen Reihenfolge vorstellen, dann denkt der Gesprächspartner: Ja, mit diesem kreativen Maßnahmenkatalog wird er das unerwartete Ziel wohl erreichen! Und damit gibt's keine Überraschung mehr, wenn Sie es am Ende tatsächlich erreicht haben. Wenn die Maßnahmen interessant genug sind, beschreiben Sie sie daher erst, nachdem Sie mit der Zeitlupenpassage das Erfahren des Ergebnisses beschrieben haben.

Der Satz, mit dem Sie nach der Zeitlupe zum Element der Maßnahmen überleiten, lautet immer: „Und jetzt sage ich Ihnen, wie ich das erreicht habe ..."

Lassen Sie mich noch ein Beispiel einer Geschichte einer tollen Leistung geben, die ein Logistikunternehmer in meinen Seminare erzählt hatte. Bei dieser Geschichte ist es besonders wichtig, den Trick und die Methode nicht vorher zu verraten, sondern erst nach der Zeitlupe. Nicht immer ist die Methode, wie Sie zum Ergebnis gekommen sind, so spektakulär, dass sie erzählt werden muss. Im obigen Beispiel bei der Produktionszeitverkürzung wurde zum Beispiel keine Methode erklärt. Nur wenn sie interessant genug ist, dann erzählen Sie sie. Aber immer erst nach der Zeitlupe.

Hier die Geschichte des Logistikunternehmers:

„Wir sind ein Logistikunternehmen aus Basel. In Basel gab es ein Maschinenbauunternehmen, bei dem ich seit Jahren hinterher war, einmal einen Auftrag für die ausführen zu können. Jahr um Jahr versuchte ich, denen Angebote zu unterbreiten, damit wir einmal die Chance bekamen, für sie zu arbeiten. Nie wurden wir berücksichtigt.
Eines Tages kam ein Anruf von dieser Firma. Der Firmeninhaber war am Telefon. Er fragte mich: „Herr Kaiser, wir haben eine große Maschine nach Peking zu liefern, sind Sie daran interessiert den Auftrag für uns auszuführen?". Ich war aus dem Häuschen vor Freude. Am nächsten Tag trafen wir uns und machten einen Vertrag, um die Details der Lieferung zu regeln. Wir vereinbarten eine Konventionalstrafe, falls die große Maschine nicht bis zum 15. März nach Peking geliefert sein sollte.
Am nächsten Tag plante ich den Transport. Aber im Laufe des Vormittags stellte ich fest: es gab keine Landeerlaubnis für Frachtflugzeuge in Peking!
Alle unsere Pläne waren aber darauf aufgebaut. Die Konventionalstrafe war unterschrieben. Panik brach aus. Wir untersuchten alternative Wege. Mit der transsibirischen Eisenbahn quer durch Russland und Asien: es ging nicht! Mit dem Schiff durch den Suezkanal: es war nicht möglich! Mit dem Schiff um das Kap Horn: das dauert viel zu lange.

Die Zeit verstrich.

Eines Tages saß ich vor dem Fernseher und zappte durch die Programme. Plötzlich blieb meine Aufmerksamkeit an einer Dokumentation kleben. Ich dachte mir: „das ist ein letzter Strohhalm, das könntest du noch versuchen."

Am nächsten Tag wählte ich eine Nummer. Am anderen Ende des Telefons war ein Mann, der Englisch sprach, aber

mit russischem Akzent. Nach einer Weile sagte er mir: „Tut mir leid, es geht nicht, wir sind ein Staatsunternehmen."
Ich erzählte diese Geschichte meinem Kompagnon und er sagte mir: „Lass es mich versuchen!"
Mein Kompagnon wählte dieselbe Nummer. Nach einer Weile sagte dieselbe russische Stimme ungehalten: „Ich sagte Ihnen doch, es geht nicht, wir sind ein Staatsunternehmen!"

Am 15. März wäre die Konventionalstrafe fällig gewesen. Es war ein Tag davor, der 14. März 2002 ... Auf dem Pekinger Flughafen nähert sich aus der Entfernung ein Flugzeug. Es setzt zum Landeanflug an, die Reifen entwickeln Qualm und die Nase setzt auf dem Flugfeld auf. Die Maschine rollt Richtung Abfertigung. Circa 150 Meter vor der Abfertigung dreht sie plötzlich nach rechts und fährt in Richtung eines Hangars. Aus dem Hangar fahren Gabelstapler heraus, die Türen des Flugzeugs öffnen sich, und heraus geladen werden einzelne Teile einer Maschine. Es war genau die Maschine, die wir zu liefern hatten. Einen Tag vor der Konventionalstrafe hat es geklappt.

Und jetzt sage ich Ihnen, wie wir das geschafft haben.

Die Dokumentation, die ich da im Fernsehen gesehen hatte, war eine Dokumentation über die russische Aeroflot. Die russische Aeroflot war damals in großen Schwierigkeiten. Nach dem Fall des Eisernen Vorhangs gab es Reisefreiheit, und die Aeroflot hatte plötzlich Konkurrenz bekommen. Die Idee, die mir damals kam, war: Frachtflugzeuge dürfen in Peking nicht landen, aber wie wär's, wenn wir eine Passagiermaschine nehmen, die ja landen darf, bauen dort alle Sitze aus, zerlegen unsere Maschine in einzelnen Teilen, laden die in den Passagierraum und fliegen damit nach Peking. Und genau das haben wir so umgesetzt."

Wenn Sie Ihren potenziellen Kunden so eine Geschichte erzählen, dann spürt er, dass er es hier mit ausgebufften Profis zu tun hat, die Termine nicht nur einhalten, sondern auch außergewöhnliche, kreative Ideen haben, um die Anforderungen des Kunden zu erfüllen.

Sie haben Ihre Zuhörer beeindruckt - Vertrauen in Sie ist entstanden.

Lassen Sie mich Ihnen noch einmal die einzelnen Elemente des roten Fadens in dieser Geschichte deutlich machen:

1) Beschreiben Sie eine dramaturgische Schwierigkeit

Die Schwierigkeit ist: es gibt keine Landeerlaubnis für Frachtflugzeuge in Peking. Eine Konventionalstrafe war unterschrieben. Alle Alternativen funktionieren nicht.

2) Erzeugen Sie eine fehlgeleitete Erwartungshaltung

Der Russe am Telefon sagt: „Es geht nicht, wir sind ein Staatsunternehmen!"

3) Dehnen Sie den Moment des Ergebnisses in Zeitlupe auseinander

Der Moment, wo das Flugzeug in Peking landet und die Maschine ausgeladen wird, wird in Zeitlupe geschildert.

4) Geben Sie Methoden erst nach der Zeitlupe bekannt

Der Trick, die Maßnahme, war hier spannend genug, um sie zu erwähnen: Wir nehmen statt eines Frachtflugzeugs ein normales Passagierflugzeug, das ja landen darf, bauen die Sitze aus und haben so Ladefläche für unsere zu transportierende Maschine.

Aufgabe:

Liebe Leser, bitte schmücken Sie nun zur Übung folgende drei Ergebnisse mit der Zeitlupen-Methode zu hochwirksamen Ergebnissen aus:

Sie hatten im Diplom eine gute Note.

Sie haben Ihre Traumfrau erobert.

Sie haben ein einzigartiges Umsatzergebnis erreicht.

Spannungsankündigung

Mit folgendem Trick können Sie jedes beliebige Resultat durch ein paar vorangestellte Sätze für die Zuhörer interessant machen. Schauen Sie sich die beiden folgenden Versionen in der Gegenüberstellung an.

1. Version:

> „Ich will Ihnen sagen, dass wir die Konkurrenz umsatzmäßig hinter uns gelassen haben."

2. Version:

> „Und jetzt verrate ich Ihnen etwas. Hören Sie hin: Wir haben die Konkurrenz umsatzmäßig hinter uns gelassen."

Der Unterschied: Vor das eigentliche Resultat habe ich eine so genannte Spannungsankündigung gesetzt. Das sind ein paar Rumpfsätze, die die Neugier auf das Nachfolgende drastisch erhöhen. Folgende Formulierungen, die diesem Zweck dienen, können auch Sie immer wieder benutzen:

- „Aufgepasst!"
- „Jetzt kommt's: …"
- „Die Idee …"
- „Schnallen Sie sich an!"
- „Jetzt kommt das Geheimnis …"
- „Und hier der Trick des Jahrhunderts!"
- „Hören Sie hin!"
- „Passen Sie auf …"
- „Jetzt verrate ich Ihnen etwas …"

Die Regel hierzu lautet:

Bevor Sie Ihre Lösung, Ihr Resultat, Ihr Ergebnis verkünden, stellen Sie ihm eine Spannungsankündigung voran.

Dadurch wird Ihre Lösung – egal, wie großartig oder bescheiden sie auch sein mag – als etwas viel Größeres wahrgenommen.

Sich selbst verkaufen lernen

Jeder Mitarbeiter, der eines Tages eine Führungsposition übernimmt, jeder Geschäftsführer, der die Leitung einer Firma übernimmt, jeder Bewerber, der sich zur Auswahl in ein Assessment-Center begibt, kennt das Problem. Man bittet Sie: Stellen Sie sich selbst kurz vor.

Vorstellung als neuer Chef

Wenn Sie sich als neuer Chef Ihren Mitarbeitern vorstellen, dann wollen die Mitarbeiter vor allem eines: *Vertrauen* in Sie als neuen Kapitän gewinnen. Folgende Eckpunkte sollten Sie in eine Selbstvorstellungsrede aufnehmen:

- Erzählen Sie keine oder ganz wenige biografische Eckdaten, das interessiert nur mäßig.
- Erzählen Sie eine persönliche Geschichte. „Als Kind wurde ich immer gehänselt", „Ich war früher Profimusiker in einem Symphonieorchester" oder „Wissen Sie, wie ich meine Frau kennengelernt habe?". Die Leute wollen Sie lieber als Mensch erleben und nicht so sehr als Führungskraft, die wieder neue Strukturen aufpflanzt. Persönliches schafft Vertrauen.
- Erzählen Sie von einer Begebenheit, bei der Sie sozial oder menschlich gehandelt haben. Das signalisiert, dass Sie nicht nur an Gewinn und Umsatz interessiert sind, sondern auch moralische Werte vertreten. Ein ganz wichtiger Punkt: Soziales Handeln schafft großes Vertrauen.

- Erzählen Sie eine Erfolgsstory. Die Leute wollen sehen, dass da ein neuer Kapitän an Bord ist, der sein Metier beherrscht: jemand, der neue Ideen hat, der schon etwas bewegt hat und an dessen Fersen der Erfolg klebt. Erfolgsgeschichten schaffen Vertrauen.
- Geben Sie Ihren neuen Mitarbeiter Ihre Philosophie bekannt.
- Sagen Sie auch: „Jeder von Ihnen kann immer mit seinem Anliegen zu mir kommen. Unter einer Bedingung: dass Sie gleich einen Lösungsvorschlag mitbringen. Wer keinen auf Lager hat, muss noch einmal wiederkommen. Sie können Vertrauen in mich haben. Ich freue mich auf eine wunderbare Zusammenarbeit mit wunderbaren Mitarbeitern."

Sich selbst vorzustellen heißt immer, sich selbst zu verkaufen. Denn auch wenn Sie den Job schon haben – Sie müssen sich trotzdem immer wieder verkaufen. Folgendes Geheimnis sollten Sie bei jeder Selbstvorstellung berücksichtigen.

> Auch wenn Sie den Job schon haben: Stellen Sie sich immer vor, Sie wären im Assessment-Center und würden sich unter vielen Mitbewerbern um diesen Job bewerben.

Regeln fürs Assessment-Center

Sprechen Sie Gefühle an

Sprechen Sie Gefühle an – Gefühle im Zusammenhang mit Ihrer neuen Firma. Das traut sich fast niemand. Sie werden sehen: Sie katapultieren sich automatisch unter die Spitzenreiter für diesen Job. Folgende Formulierungen beispielsweise sprechen Gefühle an:

- „Mir gefällt Ihr Unternehmen."
- „Ihre Firma ist die Firma, zu der ich mich im Herzen hingezogen fühle. Ich sage Ihnen auch warum ..."
- „Ich mag Ihre Firma, ich mag Ihre Produkte, ich mag die Art Ihrer Werbung, ich mag das Gebäude ..."
- „Herr Personalchef, ich sage Ihnen: Ich bin heiß auf den Job!"
- „Ich finde die Atmosphäre hier sympathisch. Hier herrscht eine schöne Energie ..."
- „Ihre Firma strahlt etwas aus, das mich anzieht ..."
- „Schon als ich Student war, bin ich immer an Ihrer Firma vorbeigefahren, und ich habe mir gesagt: Irgendwann werde ich dort arbeiten!"
- „Bei Ihrer Firma empfinde ich alles als stimmig."

All diese Formulierungen enthalten Gefühlsverben: sich hingezogen fühlen, mögen, gefallen, heiß sein, sympathisch finden, anziehen, als stimmig empfinden. Würzen Sie mit solchen Vokabeln Ihre Selbstvorstellung – das kommt an! Das gilt übrigens auch für jedes Eins-zu-eins-Bewerbungsgespräch. Fast kein Bewerber wagt Gefühle anzusprechen. Wenn Sie es aber tun, steigen Ihre Chancen exponentiell an.

Die Erfolgsstory

Damit Menschen von Ihnen als Kapazität beeindruckt sind, können Sie eine wunderbare Methode anwenden. Sie liegt nahe, aber die meisten trauen sich nicht, sich ihrer zu bedienen, weil sie denken, das wirke „arrogant". Die Methode ist ganz einfach:

Erzählen Sie eine Erfolgsstory.

Hierbei handelt es sich um nichts anderes als „gesteuertes Imponierverhalten" – aber nicht im Stil von: „Meine Frau, mein Haus, meine Yacht, mein Auto". Es geht vielmehr um Ihre Leistung! Sie erzählen nicht von Dingen, die Sie sich geleistet haben, sondern von Dingen, die Sie geleistet haben. Es geht also ums Tun und nicht ums Haben:

> „Bei meiner Vorgängerfirma hatte ich eine Ein-Mann-Abteilung übernommen, in der nur Geld ausgegeben wurde. Ich habe sie in drei Jahren zu einer Sechs-Mann-Abteilung ausgebaut, die dann zum Schluss 20 Millionen Gewinn erwirtschaftete."

Wenn Sie Ihrem Publikum in der richtigen Form eine Erfolgsgeschichte erzählen, erzeugen Sie dadurch den Eindruck des „Machers" – jenes Menschen also, bei dem man weiß, dass er etwas kann und dass man bei ihm gut aufgehoben ist: „Klar, dass er auch etwas teurer ist."

(Wie man seine Leistungen verkauft, können Sie in Kapitel „Die Ritter-Methode" bzw. „Die Zeitlupen-Methode" nachlesen.)

Formulierungen, die einschlagen

Bei den Teilnehmern meiner Seminare, die sich in den vielen Assessment-Center-Übungen sehr gut verkaufen, fällt mir immer etwas auf. Ich habe bemerkt, dass es einzelne Formulierungen sind, die ein positives Gefühl im Bauch auslösen. Ich habe einen Sensor dafür entwickelt, wann eine Formulierung einschlägt. Es ist oft tatsächlich die Kombination bestimmter Wörter, die plötzlich beim Zuhörer etwas auslöst. Jedes Mal, wenn eine Formulierung fiel, die mich beeindruckte, schrieb ich mit. Im Folgenden ist meine Sammlung aufgeführt.

> Wählen Sie Formulierungen, die mitschwingen lassen: „Ich bin gut…"

- „Warum bin ich der richtige Mann/die richtige Frau für diese Position …"
- „Was unterscheidet einen guten von einem mäßigen Controller …"
- „Ich habe zwei große Fähigkeiten …"

> Stellen Sie sich als Macher dar, der etwas bewegt.

Es gibt Formulierungen, die einfach imponieren. Ich habe festgestellt, dass alles, was mit „veranlassen" und „lassen" formuliert wird, die Wirkung als „Macher" verstärkt.
- „Ich habe das erarbeiten lassen …"
- „Ich habe mir den Bericht kommen lassen …"
- „Ich habe die Nachtschicht umstrukturieren lassen …"
- „Ich habe veranlasst, dass Formulare gedruckt werden …"

Vermitteln Sie den Eindruck: Dieser Mensch tut etwas, auch wenn's hart ist oder Mut kostet.

- „Ich habe eine Untersuchung machen lassen…"
- „Ich bin aufgestanden und habe dem Personalchef gesagt: ‚Wir brauchen ihn, er ist der Teuerste, aber ich werde das verantworten.'"
- „Die Geschäftsleitung sagt zu mir: ‚In einer halben Stunde ist das wohl erzählt.' Ich sage: ‚Wir nehmen uns die Zeit, die es braucht.'"
- „Man bot mir die Verbandsführung an. Ich sagte, was ich will: Geschäftsbericht, Zahlen, Bilanz …"
- „Ich habe die Schieflage analysiert und dann innerhalb von sieben Tagen sieben Mitarbeiter entlassen."
- „Ich sage zu meinen Mitarbeitern: ‚Auf euch kommt jetzt eine harte Zeit zu! Ab sofort werden Überstunden nicht mehr bezahlt!'"

In folgendem Redeausschnitt aus meinem Seminar kommt besonders gut der Macher aus dem Hintergrund durch, der auch gegen Widerstände etwas bewegt:

> „Ich als kleiner Controller habe die Zahlen des Unternehmensberaters zu Hause nächtelang durchgerechnet. Aber es hat nicht gepasst, es hat nicht gepasst, es hat einfach nicht gepasst. Seine Berechnungen waren falsch, und die ganze Firma war darauf ausgelegt. Ich habe dann lange überlegt, und mir wurde klar: Du musst es tun! Ich bin zum schwerkranken Inhaber der Firma ans Krankenbett gegangen und habe ihm gesagt: ‚Wenn wir so weitermachen, wird's unsere Firma in zwei Jahren nicht mehr geben.' Der Inhaber fiel aus allen Wolken und sagte: ‚Ich vertraue Ihnen! Ergreifen Sie alle notwendigen Maßnah-

men, um das zu verhindern!" Heute verdienen wir drei Mal so viel wie zu der Zeit, als der Unternehmensberater in unserer Firma das Sagen hatte."

Die Regel hierzu lautet:

Wenn Sie etwas geleistet haben, beschreiben Sie vorher möglichst im Detail die Entdeckung, die Erkenntnis, die Idee, wie Sie daraufgekommen sind.

Beispiel:

„Als ich eines Tages mit dem Auto ins Büro fuhr, kam mir eine Idee. Ich dachte bei mir: Das wäre *die* Lösung, um bei den Radiostationen einen Fuß in die Tür zu bekommen!"

Beschreiben Sie möglichst in wörtlicher Rede, wie Sie es angesprochen haben.

„In der Sitzung habe ich zu meinen Leuten gesagt: ‚Ich habe eine Idee, wie wir in die Radiostationen reinkommen, damit sie über uns berichten.' Als sie die Idee hörten, meinten alle: ‚Vergiss es, das traut sich keiner von uns!' Ich darauf zu ihnen: ‚Wenn ihr nicht mitmacht, verlasse ich die Gruppe …'"

Die „Dürfen-Marotte"

Viele Unternehmer und Geschäftsführer benutzen das Verb „dürfen", wenn es um Aufträge geht. Das klingt dann so:

„Ich durfte für die Stadt Frankfurt den Auftrag ausführen, die Kanalisation zu revidieren ...“

Solche Formulierungen sollten Sie vermeiden: Das klingt wie aus Feudalzeiten, als der Handwerker wie ein Bittsteller auftrat, der froh war, endlich mit einem Auftrag bedacht zu werden. Ganz anders klingt es dagegen, wenn Sie es aktiv formulieren:

„Die Stadt Frankfurt beauftragte mich, ihre Kanalisation zu revidieren.“

Dabei klingt viel größeres Selbstwertgefühl durch. Genauso verhält es sich, wenn Sie einen Job angetreten haben:

Unterwürfig:

„Ich durfte bei Siemens arbeiten.“

Mit Selbstwertgefühl:

„Siemens konnte mich gewinnen.“

Wirkungsexplosion durch Betonung und Pausen

350 feierlich gekleidete Zuhörer sitzen im Saal. Es ist dunkel, nur die Bühne vorn ist beleuchtet. Alle erwarten den Auftritt des Firmeninhabers, der sie eingeladen hat. Links und rechts der Bühne ist überdimensional das Logo der Firma angebracht. Blumen schmücken den vorderen Rand der Bühne. Heute soll das 75-jährige Bestehen der Medizinalfirma gefeiert werde. Plötzlich tritt der Inhaber aus dem Hintergrund auf die Bühne, ohne Rednerpult und nur mit einem Steckmikrofon am Revers. Er sagt:

> „WirProduzierenKeineRollstühleWirProduzierenKeine-KrückenWirproduzierenKeineProthesenWasWirProduzie-renIstLebensqualitätFürBehinderteMenschen."

„Klappe!", ruft der Regisseur aus dem Hintergrund. Das Licht im Saal geht an. „So können Sie das nicht betonen. Bitte machen Sie Pausen zwischen den Sätzen und legen Sie Bedeutung in die einzelnen Sätze." Der Regisseur macht es vor. Der Schauspieler zieht anerkennend die Augenbrauen hoch und geht wieder zurück hinter die Bühne – das Licht erlischt, und er tritt erneut nach vorn …

So stellte ich mir oft meine Arbeit mit meinen Teilnehmern und meinen Coaching-Kunden vor: Es sind teilweise tatsächlich schauspielerische Leistungen, die meine Teilnehmer erbringen müssen – und ich bin der Regisseur, der ihnen die richtige Betonung beibringen muss.

Sie würden Augen – oder besser Ohren – machen, wenn Sie denselben Satz einmal mit 08/15-Betonung und einmal professionell intoniert hören würden. Dieses

Thema ist jedoch von allen am schwierigsten über das Medium Buch erlebbar und nachfühlbar darzustellen. Denn uns steht hier wieder einmal nur der geschriebene Text zur Verfügung, den ich Ihnen jetzt „hörbar" machen soll. Lassen Sie mich aber trotzdem den Versuch wagen.

Den oben erwähnten Firmeninhaber gab es tatsächlich. Er war ein Coaching-Kunde, der mit mir zusammen eine Rede zum 75-jährigen Jubiläum seiner Firma für Rehabilitationstechnik erarbeiten wollte. Den Einstiegssatz hatten wir genauso wie beschrieben geplant, und genauso wie der hypothetische Schauspieler hatte er ihn bei mir im Büro abgespult. Er sprach den ganzen Satz in maschinengewehrartiger Geschwindigkeit quasi als ein einziges Wort. Dabei kann keine Wirkung entstehen. Ich machte ihm dann vor, wie er diesen Satz intonieren sollte, und er war baff. Solche Wirkungsexplosionen können Sie erreichen, indem Sie den identischen Satz nur anders intonieren.

Es folgt der bewusste Satz mit zugehöriger Regieanweisung; bitte lesen Sie ihn laut. In Klammern sind Zahlen beigefügt („21"): Das sind Pausenzeichen. Das – stumme – Lesen einer Zahl soll jeweils ungefähr so lange dauern, dass dabei eine Sekunde verstreicht. Zählen Sie also innerlich „21, 22" und reden Sie erst dann weiter. Die g e s p e r r t gesetzten Wörter sprechen Sie gedehnt und stark betont. Damit Sie den Unterschied hören, lesen Sie zunächst noch einmal laut die alte Version, die Sie ohne Punkt und Komma quasi als ein einziges Wort sprechen:

„WirProduzierenKeineRollstühleWirProduzierenKeineKrückenWirproduzierenKeineProthesenWasWirProduzierenIstLebensqualitätFürBehinderteMenschen."

Die zweite Version lesen Sie ebenfalls laut. Stellen Sie sich vor, Sie seien tatsächlich ein Redner auf der Bühne:

> „Wir produzieren (21) k e i n e Rollstühle! (21, 22) Wir produzieren (21) k e i n e Krücken! (21, 22) Wir produzieren (21) k e i n e Prothesen. (21, 22) Was wir produzieren, ist (21) Lebensqualität (21) für b e h i n d e r t e Menschen!“

Es ist übrigens völlig normal, dass Sie sich zuerst ein wenig dumm vorkommen. Machen Sie den Test mit einer Person Ihres Vertrauens, der Sie beide Versionen in der unterschiedlichen Intonation vortragen. Wenn der andere bei der zweiten Version nicht anerkennend nickt, dann haben Sie es noch nicht so intoniert, dass es die größtmögliche Wirkung hervorruft. Hier sind die Grenzen eines Buches erreicht. Da müssen Sie wirklich ins Seminar kommen, damit ich es Ihnen entweder vormachen kann, oder Sie im Detail so korrigieren kann, bis Sie es können.

Pausen und Betonung

Versuchen Sie einmal, folgenden Satz so zu betonen, dass die Zahl am Ende des Satzes wirklich beeindruckt:

> „Wir haben für dieses Jahr einen Umsatz von 190.000 Euro erwartet. Tatsächlich erreicht haben wir: 438.000 Euro.“

Nach meiner Erfahrung beherrschen die meisten Redner die Betonung nicht so weit, dass sie auch wirklich zu beeindrucken verstehen. Dabei läuft die Wirkung des Ergebnisses nur zu einem kleineren Teil über die Zahl selbst – aber zu 80 Prozent über die Betonung. Wer das noch nicht live erlebt hat, wird es kaum glauben. Nehmen Sie sich obigen Satz noch mal vor. Beachten Sie dabei Folgendes:

- Sie machen vor der Zahl 438.000 eine Pause.
- Sie betonen die Zahl in g e d e h n t gesprochener Schrift.

Sperrschrift betonen heißt, Sie v e r k ü n d e n die Zahl mit einer gedachten Pause zwischen den einzelnen Ziffern und einem gedehnten Sprechen der Anfangsworte. Versuchen Sie es nun laut:

> „V i e r hundert (Pause) a c h t unddreißig (Pause) t a u s e n d Euro!"

Das muss so klingen, als ob Sie wirklich selbst von der Zahl berauscht sind. Es muss Ihnen selbst kalt den Rücken herunterlaufen. Versuchen Sie es noch einmal. Und jetzt den Satz im Ganzen – wie immer laut vorgelesen:

> „Wir haben für dieses Jahr einen Umsatz von 190.000 Euro erwartet. Tatsächlich erreicht haben wir: (21, 22) V i e r hundert (Pause) acht unddreißig (Pause) tausend Euro!"

Die Regel hierzu lautet:

> Machen Sie *vor* dem zu betonenden Wort eine Pause und verkünden Sie das Wort in der erläuterten Betonung mit entsprechenden Pausen.

Während Sie die Pause aushalten, denken Sie daran, weiterzuatmen. Sie atmen allerdings nicht aktiv ein, sondern lassen den Körper Atem holen. Das ist ein großer Unterschied!

Das ist übrigens auch der Trick, wie Sie sich Kurzatmigkeit während der Rede abtrainieren können. Wenn Sie erleben, dass die Stimme wegkippt und Sie in Atemnot geraten oder sich Kurzatmigkeit einstellt, dann tun Sie Folgendes:

> Sie pausieren so lange, bis der Körper sich den Atem ge*holt* hat, den er braucht.

Saugen Sie nicht aktiv die Luft ein, sondern lassen Sie sie passiv kommen. Dadurch entstehen nicht nur wirksame, spannungssteigernde Pausen, sondern Sie finden auch gleichzeitig wieder zu einem ruhigen Sprechfluss zurück.

Pausen und Humor

Pausen gehören zu den wichtigsten rhetorischen Stilmitteln zur Wirkungssteigerung. Die meisten Redner haben allerdings keinen Mut zur Pause. Sie hecheln von einem Satz zum anderen, in der Angst, dass ihr Publikum Pausen als Sprachlosigkeit empfinden könnte. Dadurch kann ein wichtiger, bedeutender Satz beim Zuhörer aber nicht im Unterbewusstsein ankommen. Mit dem Ergebnis: Er wirkt nicht!

Es gibt Sätze deren Wirkung entfaltet sich nur dadurch, dass man an der richtigen Stelle Pausen setzt. So sind auch Pausen erforderlich, um Menschen zum Lachen zu bringen. Stellen Sie sich einen Redner auf der Bühne vor, der sagt:

„Mein Zahnarzt wollte mir ein teures Gold-Inlay vorschlagen. Ich liege also im Zahnarztstuhl. Er über mir. Das fand ich schon eine gute Verhandlungsposition …"

Fast keiner wird lachen. Wenn Sie aber an der richtigen Stelle eine Pause platzieren, wird der Witz auch witzig:

„Mein Zahnarzt wollte mir ein teures Gold-Inlay vorschlagen. Ich liege also im Zahnarztstuhl. Er über mir. (21, 22, 23) Das fand ich schon eine gute Verhandlungsposition …"

Achtung: Es ist ein Unterschied, ob Sie still für sich lesen oder denselben Satz gesprochen hören! Probieren Sie es ruhig einmal mit einer Person Ihres Vertrauens aus, der Sie die beiden Versionen vortragen. Wann findet sie es lustiger?

Pausen bei rhetorischen Fragen

Es gibt rhetorische Fragen[8], die eine große Wirkung haben, und andere, die eher Langeweile verströmen. Schauen Sie sich folgendes Beispiel einer rhetorischen Wirkungsfrage an und lesen Sie es sich laut vor:

„Würden Sie ohne Fallschirm aus dem Flugzeug springen? In unserer Firma tun wir das im Moment. Wir setzen 30 Prozent unseres Gewinns für die Entwicklung eines Neuproduktes ein, für das es keine Marktforschungsdaten gibt. Keiner weiß, ob das überhaupt beim Kunden ankommt."

8 In meinem Buch Vergessen Sie alles über Rhetorik erkläre ich ausführlich, wie Sie wirksame rhetorische Fragen finden.

Ohne eine dramaturgische Pause nach der Frage verpufft die Frage fast vollkommen. Lesen Sie nun nochmals laut:

> „Würden Sie ohne Fallschirm aus dem Flugzeug springen? (21, 22, 23) In unserer Firma tun wir das im Moment. Wir setzen 30 Prozent unseres Gewinns für die Entwicklung eines Neuproduktes ein, für das es keine Marktforschungsdaten gibt. Keiner weiß, ob das überhaupt beim Kunden ankommt."

Das Schweigen vor dem Beginn

Es gibt eine ganz bestimmte Stelle in jeder Rede, bei der das Schweigen absolut wichtig ist und eine hochgradige dramaturgische Wirkung hat. Es ist das Schweigen, bevor Sie Ihre Rede beginnen!

Stellen Sie sich zunächst auf den Rednerplatz. Die Position im Raum ist wichtig. So wie ein Hohlspiegel alles Licht genau auf einen Punkt in der Mitte bündelt, positionieren auch Sie sich immer genau in den optischen Mittelpunkt des anwesenden Publikums als zentralen Energiepunkt. Der Wirkungsunterschied wird erst wieder klar, wenn Sie sich zum Vergleich vorn rechts hinstellen – in diesem Fall sind Sie das Opfer des Publikums. In der Mitte – sind Sie der Täter.

Bevor Sie zu sprechen beginnen, schweigen Sie mindestens fünf Sekunden. Dadurch steigern Sie die Spannung enorm. Ihre ersten Worte bekommen ein immenses Gewicht. Diese Sekunden nützen Sie für eine Mentalübung: Während des Schweigens zentrieren Sie sich als energetischen Mittelpunkt des Raumes. Sie schauen reihum alle an, sammeln Energie von allen anwesenden Teilnehmern und bündeln sie genau auf sich. Sie holen sich quasi einen Energiekredit vom Publikum. Damit bekommen Sie das, was die Menschen Charisma nennen. Und erst jetzt beginnen Sie auch zu reden. Ihre ersten Worte werden wie mit einem Paukenschlag in den Raum getragen.

Auch während der Rede können Sie übrigens von Ihren Teilnehmern Energie tanken. Wenn Sie einmal merken, dass Ihnen der Schwung abhanden gekommen ist, schweigen Sie etwa fünf Sekunden, schauen Ihre Zuschauer an und sammeln erneut Energie.

Richtiges Reden ist ein *Austausch* von Energie.

Sie geben Energie, aber Sie bekommen auch Energie vom Publikum zurück. Das ist wie bei einer guten Unterhaltung zwischen zwei Menschen: Beide fühlen sich danach erfüllt und erbaut. Wer nach einer Rede ausgepowert ist, macht etwas falsch.

Wenn es Ihnen schwer fällt, Pausen zu machen, beherzigen Sie folgenden Tipp:

Schauen Sie *nach* dem Satz schweigend einmal von rechts nach links in die Runde und wieder zurück. Und dann erst reden Sie weiter.

Dadurch schlagen Sie zwei Fliegen mit einer Klappe: Erstens bekommen Sie den souveränen, schweifenden Blick charismatischer Redner, und zweitens dient er Ihnen als „mechanische Leitplanke", um die Länge einer spannungssteigernden Wirkpause einzuhalten.

Girlandenbetonung

Das Problem der so genannten Girlandenbetonung betrifft ungefähr die Hälfte aller Redner. Darunter ist die Unart zu verstehen, am Ende des Satzes die Stimme stets nach oben zu ziehen. Das ist Ihre Stimmlage, wenn Sie etwas aufzählen. Um sich die Betonung vorzustellen, gehen Sie einmal in Gedanken in eine Bäckerei. Die Verkäuferin fragt: „Sie wünschen?“ Sie zählen vier unterschiedliche Backwaren auf, die Sie kaufen wollen. Achten Sie dabei auf die Betonung, mit der Sie jedes einzelne Produkt aussprechen.

> „Ich hätte gern drei Croissants (die Verkäuferin tütet sie ein), ein Stangenbaguette (die Verkäuferin tütet es ein), ein Sonnenblumenbrot (die Verkäuferin holt es hervor) und fünf Brötchen.“

Lauschen Sie der Aufzählung noch einmal nach und achten Sie darauf, wie Sie Ihre Stimme am Ende von „Croissants“, „Stangenbaguette“ und „Sonnenblumenbrot“ nach oben gezogen haben. Erst wenn Sie beim letzten Begriff „fünf Brötchen“ angekommen sind, ziehen Sie im Normalfall Ihre Stimme nach unten.

Stimmverlauf bei Aufzählungen:

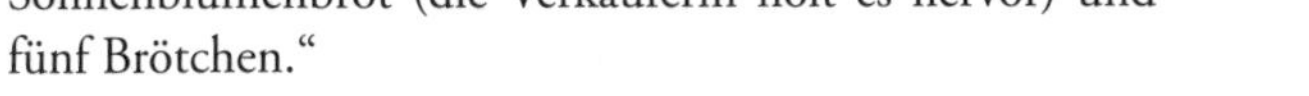

Ich hätte gern drei Croissants – ein Stangenbaguette – ein Sonnenblumenbrot – fünf Brötchen …

Meiner Beobachtung nach betont die Hälfte aller Menschen ohne Notwendigkeit irgendwann während ihrer Rede in Girlandenbetonung – allerdings *nicht*, wenn sie etwas aufzählen, sondern beim ganz normalen Reden. Dadurch klingt alles „wie aufgezählt" und extrem langweilig. Gerade wenn Menschen nervös sind, verfallen sie gern in diese Art des Betonens.

Für das folgende Beispiel brauchen Sie eine gute akustische Vorstellungskraft. Lesen Sie folgenden Text laut und ziehen Sie die Stimme am Ende jedes Satzes an der unterstrichenen Stelle wie bei einer Aufzählung nach oben:

> „Mein Name ist Christian Geiger. Ich bin 45 Jahre alt. Seit acht Jahren arbeite ich als selbstständiger Unternehmensberater. Meine Firma hat 34 Mitarbeiter, die alle in Führungspositionen gearbeitet haben …"

Das versetzt Ihrer Rede, obwohl sie vielleicht sogar gut aufgebaut ist, den dramatischen Todesstoß. Die Wirkung bricht um einen Faktor zusammen. Das Problem ist, dass die meisten Menschen diese Sprachmarotte an sich selbst leider nicht erkennen. Im Coaching oder im Seminar muss ich die Teilnehmer immer wieder korrigieren, bis sie von sich aus erkennen, wann sie auf diese Weise betonen. Damit ist das Problem zwar noch nicht behoben, aber es ist die Voraussetzung geschaffen, dass der Redner selbst an sich arbeiten kann.

Falls Sie zu den Personen gehören, die dieses Problem haben (und die Chancen sind sehr hoch), kann ich Ihnen eine Hilfsvorstellung geben, wie Sie das Problem in den Griff bekommen. Aber erst müssen Sie natürlich erkennen, dass Sie dieses Problem haben. Nehmen wir an, bei nachfolgendem Satz sind Sie am Ende in die Aufzählungsbetonung verfallen. Bitte sprechen Sie ihn hier einmal bewusst „falsch“ (ziehen Sie also die Stimme am Ende nach oben):

„Mein Name ist Christian Geiger.“

Nun stellen Sie sich vor, Sie seien Schauspieler auf einer Bühne und am Ende des Stücks angelangt. Der letzte Satz des Theaterstücks ist dieser Satz. Danach fällt der Vorhang, und das Publikum applaudiert. Und nun intonieren Sie diesen letzten Satz des Bühnenstücks noch einmal, und zwar so, als würden Sie den Punkt am Ende des Satzes mitsprechen:

„Mein Name ist Christian Geiger.“

Ende! Der Vorhang fällt, Applaus.

Sie brauchen externe Beurteilung

Allein durch die Tatsache, dass Sie von Betonungen und Pausen lesen, werden Sie leider noch nicht besser. Denn erstens haben Sie nun erst eine *ungefähre* Ahnung davon bekommen, worum es geht; zweitens haben Sie niemanden, der Sie objektiv beurteilt und Ihre echten Probleme erkennt; drittens kommen Sie sich erst einmal ziemlich dumm vor, es anders zu machen als bisher, und schließlich viertens werden Sie es in neun von zehn Fällen auch nicht üben. Ihnen Betonungen und Pausen nur per Text beibringen zu wollen ist in etwa so, als ob ich Ihnen die Melodie eines neuen Liedes ohne Noten und nur mit beschreibenden Text beibringen wollte. Deshalb sprechen Sie nach der Lektüre dieses Kapitels mit großer Wahrscheinlichkeit noch genauso unspektakulär, wie Sie vorher gesprochen haben – Lesen allein macht Sie eben noch nicht zu einem charismatischen Redner. Wer sein Sprachverhalten einmal beurteilen lassen möchte, wird nicht darum herumkommen, ein gutes Rhetorikseminar zu besuchen.

Verkünden statt begründen

Ich habe etwas Erstaunliches festgestellt. Redner denken immer, sie müssten möglichst viele Argumente anführen, um andere Menschen zu überzeugen. Aber das ist falsch! Was Menschen brauchen, sind nicht Argumente, sondern Meinungsführer. Sie brauchen andere Menschen, denen sie einfach glauben wollen, weil sie ihnen zutrauen, den richtigen Weg zu kennen. Menschen wollen nicht diskutieren. Menschen wollen charismatische Führungspersönlichkeiten an ihrer Spitze wissen, die Verantwortung übernehmen und die Richtung anzeigen.

Sie müssen als Redner also gewisse Aussagen gar nicht begründen, sondern Sie müssen sie nur mit einer tausendprozentigen Gewissheit verkünden! Und die Menschen werden Ihnen folgen. Im Seminar mache ich einen Test mit meinen Teilnehmern. Sie sagen zum Beispiel den einfachen Satz:

> „Führen Sie Lean-Management in Ihrer Administration ein (Pause) – 50 Prozent Ihrer Konflikte sind verschwunden!"

Die Überzeugung entsteht *nur* über die Betonung. Wenn Sie es richtig machen, brauchen Sie fast keine weitere Begründung nachzuschieben. Die Leute glauben Ihnen einfach so.

Stilmittel der Highlight-Rhetorik

Im Laufe meiner zehnjährigen Praxis als Rhetoriktrainer bin ich auf einige Techniken gestoßen, mit denen Sie ein Publikum bewusst und strategisch geplant faszinieren können. Wenn Sie diese Techniken anwenden, dann werden die Leute Sie mit offenem Mund und aufgerissenen Augen anschauen, und Sie als Redner werden das Gefühl haben, Sie seien der Marionettenspieler, dem das Publikum willig folgt.

Das anonyme Reden

Es gibt eine Methode, mit deren Hilfe Sie aus jedem noch so nüchternen Sachthema einen Krimi basteln können. Sie erzeugen dabei eine so große Spannung, dass die Leute an Ihren Lippen hängen und wie gebannt nach der Auflösung lechzen. Ich nenne diese Art des Redens „anonymes Reden".

> Anonymes Reden besteht darin, dass Sie anonym über irgendein Objekt reden, von dem das Publikum noch nicht weiß, was es ist.

Hier ein Beispiel in der Gegenüberstellung: Nehmen wir an, Sie sollen als Redethema Ihre Lieblingsstadt vorstellen – die Stadt, für die Ihr Herz schlägt. Fast jeder Redner legt seine Rede so an:

> „Meine Lieblingsstadt ist München. München hat 1,2 Millionen Einwohner. Was ich besonders an München schätze, sind die Biergärten im Sommer. München hat auch eine sehr große Fußgängerzone und einen Fußballverein, der sehr bekannt ist: den FC Bayern München. Vor den Toren der Stadt wurde auch ein neues Stadion gebaut: die Allianz Arena …“

Und so weiter und so fort.

Das anonyme Reden funktioniert anders:

> „Die Stadt, von der ich Ihnen erzählen möchte, liegt in einer Gegend der Welt mit sehr hohen Bergen. Mitten in diesen Bergen gibt es einen großen See. Steile Hänge fallen zum Wasser hin ab. Dieser See hat an einer Stelle einen Abfluss, an dem besagte Stadt liegt. Diese Stadt ist sehr alt. Wenn Sie durch die Altstadt laufen, sehen Sie sehr dicke, wehrhafte Mauern, und kaum ein Haus ist jünger als 300 Jahre. Einmal im Jahr wird ein riesengroßes Fest in dieser Stadt veranstaltet. Tausende, Zehntausende, manchmal Hunderttausende von Menschen strömen zu diesem Fest in die Stadt. Sie alle sind verkleidet. Das Fest nennen sie Fasnacht, und die Stadt heißt … Luzern.“

Das ist anonymes Reden! Beim anonymen Reden geben Sie das Objekt, über das Sie reden, einfach noch *nicht bekannt*, aber Sie reden trotzdem darüber. Dadurch entsteht Spannung. Es gibt einen einfachen Trick, der Ihnen dabei hilft, anonym zu reden:

> Benutzen Sie in Ihrer Rede die Wörter „dieser“, „diese“, „dieses“.

Dem Pronomen „dieser/diese/dieses" folgt das anonyme Objekt, über das Sie reden. Im obigen Beispiel war das Objekt eine Stadt: „diese Stadt". Sie reden über „diese Stadt", machen detaillierte Angaben über „diese Stadt", beschreiben die Besonderheiten „dieser Stadt" und erzählen Geschichten über „diese Stadt" – aber noch weiß niemand, welche Stadt sich hinter „dieser Stadt" verbirgt. So entsteht große Spannung beim Publikum.

Das Objekt, über das Sie anonym reden, kann beliebig variieren: Sie können über „diese Information" reden, „dieses Produkt", „diese Idee", „diese Neuerung", „diesen Menschen", „dieses Gebiet", „diese Firma", „dieses Ereignis", „dieses Tier", „dieses Wesen", „diese Erfindung", „dieses Prinzip" oder welches Objekt auch immer. Sie sprechen ausführlich über „dieses Objekt", ohne dass die Zuhörer wissen, worum es sich dabei handelt.

Sie reden beispielsweise über einen Menschen. Der erste Satz könnte lauten: „Ich kenne einen Menschen. Ich habe große Achtung vor diesem Menschen. Dieser Mensch ..." Und Sie erzählen die Lebensgeschichte „dieses Menschen", erzählen von seiner Kindheit, seinen Träumen, seinen Niederlagen, seinen Stärken, seinen Schicksalsschlägen und seinem Weg durchs Leben. Und erst zum Schluss verraten Sie, wer „dieser Mensch" ist. Sie sagen nach einer Pause: „Ich bin stolz auf diesen Menschen, dieser Mensch bin ich!" Das nimmt dem Publikum den Atem. Das ist Highlight-Rhetorik.

> „Ein Mann etwa Ende 20 steht splitternackt auf dem Platz. Viele Frauen bleiben stehen und schauen ihn intensiv an. Aber auch Männer zücken ihren Fotoapparat und schießen Fotos. Es wird langsam Nachmittag und wahnsinnig heiß auf dem Platz. Aber dieser Mann steht immer noch unbewegt und nackt auf dem Platz. Fast alle Passanten bleiben

> stehen und schauen ihn lange, manche schon fast andächtig an. Am Abend werden es weniger Menschen, aber der Mann bleibt weiter am selben Platz stehen. Es wird Nacht, die Straßenlaternen sind angegangen – fast niemand ist mehr auf dem Platz zu sehen, aber dieser Mann steht immer noch unbewegt da. Der Mann heißt David, ist in Stein gehauen, und sein Meister heißt Michelangelo. Gesehen habe ich ihn zum ersten Mal in meinem Urlaub in der Toskana in Florenz …"

Sie erwähnen ständig „diesen Mann" als handelnde Person und keiner weiß, wer er ist.

> Sorgen Sie dafür, dass niemand ahnt, wer der Mörder ist.

Sie müssen beim anonymen Reden allerdings darauf achten, dass man den „Mörder" nicht gleich erahnt. Sehen Sie sich folgende Redepassage an:

> „Ich möchte Ihnen von einem Menschen erzählen, der Ende des vorletzten Jahrhunderts geboren wurde. Dieser Mensch war in der Schule sehr schlecht in Mathematik, aber er bekam später trotzdem den Physik-Nobelpreis. Dieser Mensch wanderte in den 1930er Jahren nach Amerika aus und machte dort große Entdeckungen in der Physik. Er entwickelte eine Formel, die weltberühmt wurde. Dieser Mensch war jüdischen Glaubens …"

Sie wissen schon nach dem zweiten Satz, dass es sich um Albert Einstein handelt. Dabei handelt es sich nicht um anonymes Reden, weil keine Spannung mehr da ist. Das erwartete Ergebnis ist das tatsächliche Ergebnis. Oder nehmen wir ein anderes Beispiel. Angenommen, Sie arbeiten in einer Firma, die Kühlschränke produziert. Sie haben eine Entwicklungsabteilung, die das ganze letzte Jahr damit beschäftigt war, das neue Kühlschrankmodell „Frigo 5“ zu entwickeln. Die ganze Firma war daran beteiligt. Und jetzt leiten Sie Ihre Rede ein und sagen:

> „Ich möchte heute von einem neuen Produkt reden. *Dieses Produkt* hat viele Neuerungen … von *diesem Produkt* erwarten wir einen großen Umsatz … in *diesem Produkt* steckt ein Jahr Entwicklungszeit …“

Und jeder im Publikum denkt: Das ist das neue Kühlschrankmodell „Frigo 5“, was denn sonst? Am Ende kommt die Auflösung:

> „Dieses Produkt ist unser neuer Kühlschrank ‚Frigo 5‘!“

So haben Sie keine Überraschung erzeugt, das ist kein gut inszenierter, spannender Krimi. Was aber macht einen Krimi zum guten Krimi? Wenn Sie vermuten, es könnte der Chauffeur gewesen sein, und es war … der Chauffeur? Wohl eher nicht. Ein Krimi wird dann gut, wenn Sie die ganze Zeit den Chauffeur als Mörder verdächtigen, und zum Schluss kommt überraschend heraus: Es war der … Direktor! So müssen Sie es auch mit dem anonymen Reden machen: Lassen Sie die Zuhörer bewusst im Ungewissen oder locken Sie sie auf die falsche Fährte.

Vorgehensweise: Den Anfang an den Schluss stellen

Ich habe ein Schema entwickelt, das das anonyme Reden leichter macht. Nehmen wir an, Ihr Redeobjekt innerhalb einer Präsentation hieße allgemein „unser Ergebnis“.

Nehmen wir an, Sie hätten die Formel für Gold entdeckt. Die meisten Redner gehen schematisch folgendermaßen vor, wenn sie etwas vorstellen.

Unser Ergebnis: Die Formel für Gold

- Wann und wie ist die Idee dazu entstanden?
- Wie haben wir es entwickelt?
- Welchen Vorteil bringt dieses Ergebnis?
- Welche Kosten erzeugt das Ergebnis?
- Eine lustige Geschichte im Zusammenhang mit dem Ergebnis.
- Was muss man beachten, wenn man es produziert?
- Welche Zukunftsaussichten sehen wir?
- Wie wirkt sich das Ergebnis auf unsere Firma aus?

Usw.

Das Ergebnis kann irgendetwas sein: ein Objekt, eine Methode, eine Erfindung, ein Produktdetail oder was auch immer. Üblicherweise wird jetzt zunächst das Ergebnis vorgestellt, wie wir das in anderen Rhetorikkursen ja schon gelernt haben. Und im Anschluss wird dann weiter über dieses Objekt gelangweilt. Der Trick für anonymes Reden ist ganz einfach. Die obige Abfolge bleibt haargenau gleich. Sie erzählen es exakt so wie vorher. Nur: Das Objekt, über das Sie reden, verraten Sie nicht, sondern stellen die Auflösung einfach an den Schluss Ihrer Rede. Dann erst lassen Sie die Katze aus dem Sack.

- Da gibt es ein Ergebnis.
- Welchen Vorteil bringt dieses Ergebnis?
- Wie haben wir es entwickelt?
- Welche Kosten erzeugt das Ergebnis?

- Eine lustige Geschichte im Zusammenhang mit dem Ergebnis.
- Was muss man beachten, wenn man es produziert?
- Wann und wie ist die Idee dazu entstanden?
- Welche Zukunftsaussichten sehen wir?
- Wie wirkt sich das Ergebnis auf unsere Firma aus?

Das Ergebnis, von dem ich rede, ist die Formel für Gold!

Das Beispiel mit dem Porsche

Wenden wir das obige Schema einmal auf eine Rede an. Die gebräuchliche Vorgehensweise sieht so aus:

> „Seit meiner Kindheit wollte ich immer einen Porsche haben. (Das ist das Ergebnis.) Ich weiß noch, der erste Porsche, den ich gesehen habe, war der unseres Nachbarn. Ich habe immer mit großen Kulleraugen den Wagen angeschaut, wenn er draußen vor der Garage stand. Ich ging heimlich rüber und strich über die Karosserie. Als ich in der Stadt eines Tages am Schaufenster des Porsche-Händlers vorbeikam, drückte ich meine Nase an die Scheibe, schaute verliebt das Auto an und sagte mir: ‚Eines Tages werde ich auch einen Porsche haben.' Als ich ins Gymnasium ging, schaute ich in der Stadt jedem Porsche hinterher und dachte mir:
> ‚Eines Tages werde ich auch einen Porsche haben.' Ich machte das Abitur und holte mir vom Händler die Prospekte, blätterte sie alle durch, und bei jeder Abbildung sagte ich mir: ‚Eines Tages werde ich auch einen Porsche haben.' Während des Studiums kaufte ich mir einen VW-Käfer, aber ich dachte schon beim Kauf:
> ‚Eines Tages werde ich auch einen Porsche haben.' Von meinem ersten verdienten Geld als angestellter Designer konnte ich mir noch keinen Porsche leisten, aber bei jedem Monatsgehalt sagte ich mir: ‚Eines Tages werde ich auch

> einen Porsche haben.‘ Dann machte ich mich selbstständig. Am Anfang hatte ich kein Geld übrig, aber nach drei Jahren kamen die ersten Gewinne herein. Eines Tages fuhr ich zu meinem Porschehändler, legte ihm bar 45.000 Mark auf den Tisch, und am selben Tag hatte ich ihn: Meinen ersten Porsche!“

Die Kernaussage dieser Geschichte ist: Ich wollte schon immer einen Porsche haben, und das habe ich auch geschafft. Nun stellen Sie einfach die Information, dass es sich um einen Porsche handelte, nach hinten, und den Rest erzählen Sie haargenau so wie vorher, nur eben anonym:

> „Seit meiner Kindheit wollte ich immer einen haben. Ich weiß noch, der erste, den ich gesehen habe, war der unseres Nachbarn. Ich habe ihn immer mit großen Kulleraugen angeschaut, wenn ich ihn drüben gesehen habe. Ich ging heimlich rüber und berührte ihn sogar. Als ich in der Stadt eines Tages an einem Schaufenster vorbeikam, drückte ich meine Nase an die Scheibe, schaute ihn verliebt an und sagte mir: ‚Eines Tages werde ich auch einen haben.‘ Als ich ins Gymnasium ging, drehte ich mich in der Stadt nach jedem um und dachte mir: ‚Eines Tages werde ich auch einen haben.‘ Ich machte das Abitur und holte mir Prospekte, blätterte sie alle durch, und bei jeder Abbildung sagte ich mir: ‚Eines Tages werde ich auch einen haben.‘ Während des Studiums hatte ich kein Geld und kaufte mir etwas Ähnliches, aber ich dachte schon beim Kauf:
> ‚Eines Tages werde ich auch einen haben.‘ Von meinem ersten verdienten Geld als angestellter Designer konnte ich mir noch keinen leisten, aber bei jedem Monatsgehalt sagte ich mir: ‚Eines Tages werde ich auch einen haben.‘ Dann machte ich mich selbstständig. Am Anfang hatte ich kein Geld übrig, aber nach drei Jahren kamen die ersten Gewinne herein. Eines Tages fuhr ich zu einem Händler,

legte ihm bar 45.000 Mark auf den Tisch, und am selben Tag hatte ich ihn: meinen ersten Porsche!"

Klingt doch ganz anders, oder?

Tipp für Dozenten

An alle Dozenten, Kursleiter, Lehrer und Trainer unter meinen Lesern: Sie können ab sofort den identischen Lehrstoff doppelt so interessant vermitteln. Wenden Sie das anonyme Reden einfach immer dann an, wenn Sie eine Formel, eine Vorgehensweise, eine Regel oder eine Methode neu einführen. Sie sprechen immer erst anonym über „diese Methode". Darüber, wie man „diese Methode" gefunden hat. Wie man „diese Methode" anwendet. Welche Vorteile es bringt, wenn man „diese Methode" einsetzt, usw. Und erst dann verraten Sie, was es mit „dieser Methode" auf sich hat.

Wenn Sie das anonyme Reden systematisch anwenden, stricken Sie aus allem, was Sie Ihren Teilnehmern beibringen, einen Krimi. Damit steigt „die Vorgehensweise", „die Regel" oder „die Methode" in der Wertschätzung Ihrer Teilnehmer sprunghaft nach oben. Nehmen wir an, Sie wollen Ihren Teilnehmern zeigen, wie sie selbstbewusst wirken können. Die drei Parameter, wie sie selbstbewusst wirken, lauten: Stellen Sie sich gerade hin. Haben Sie einen geraden Blick. Reden Sie laut. Niemand wird von dieser Regel beeindruckt sein. Nun wenden Sie anonymes Reden an – sowie einen zusätzlichen Trick.

Spannung entsteht nicht, wenn Sie zum Beispiel sagen: „Ich habe ein Objekt gekauft, das sehr teuer war. Ich habe es meiner Frau geschenkt. Sie hat sich sehr gefreut. Es war ein Ring." Die Auflösung kommt viel zu früh, es ist keine

Neugier auf die Auflösung entstanden. Um die Aufmerksamkeit für ein Ergebnis nach oben zu maximieren, müssen Sie *länger* anonym darüber reden. Dieses Objekt muss immer und immer wieder in unterschiedlichem Zusammenhang auftauchen. Basteln Sie eine Geschichte darum, dann erst wird der Zuhörer richtig auf die Folter gespannt – und Spannung entsteht. Sehen Sie, wie sich die Wahrnehmung des obigen Ergebnisses der drei Parameter ändert, wenn Sie anonymes Reden anwenden und zusätzlich eine längere Geschichte dazu basteln:

> „Man hat Untersuchungen angestellt. Folgendes wollte man wissen: Wann wirkt ein Mensch auf andere Menschen selbstbewusst? Man listete über hundert Parameter auf. Man wollte wissen, woran könnte es liegen? Welche dieser Parameter sind dafür verantwortlich, dass Sie auf andere Menschen selbstbewusst wirken? Ist es die Positur? Die Handhaltung? Die Beinstellung? Ist es vielleicht sogar Ihre Kleidung? Was macht es aus? Man hat all das von Schauspielern einer Testgruppe vorspielen lassen – mit Kontrollgruppen, wie man das in der Wissenschaft nun mal so macht. Und man fand heraus: Es sind nur *drei einsame Parameter*! Wenn man *diese drei Parameter* kennt, hat man nie mehr Probleme mit dem selbstbewussten Auftreten. Angenommen, Sie fühlen sich unsicher. Nun stellen Sie *diese drei Parameter* ein, und Sie wirken auf andere Menschen selbstbewusst – egal, wie Sie sich fühlen. Der erste dieser Parameter ist …"

Sie könnten nun fragen: „Was zahlen Sie, wenn ich es Ihnen verrate?" Sie haben Ihr Publikum heiß gemacht auf Ihre „Parameter": Es hat nun eine komplett andere Wahrnehmung von dem, was Sie als Ergebnis liefern. Wenn Sie einmal in eines meiner Seminare kommen, werden Sie erleben, wie ich alle meine Regeln, Tricks, Methoden und

Vorgehensweisen immer durch anonymes Reden zum spannungsgeladenen Krimi umgestalte.

Bildhafte Vergleiche

Unser Gehirn ist ein faszinierendes Organ: Wir können uns beim Denken selbst beobachten. Zum Beispiel jetzt – sehen Sie einmal, was in Ihrem Gehirn bei folgender Geschichte vor sich geht:

> „Meine beste Freundin wurde von ihrem Freund verlassen. Sie fand keinen Halt mehr. Es war für sie so, als ob man unter ihren Füßen die Pflastersteine weggeräumt hätte. Und darunter war nur weicher Treibsand. Aber jetzt, nach zwei Monaten, will ich ihr helfen. Es geht jetzt darum, dass ich ihr die Pflastersteine wieder Stück für Stück auf ihren Weg lege, damit sie wieder festen Boden unter die Füße bekommt."

Wenn Sie sich beim Denken beobachtet haben, konnten Sie Folgendes feststellen: Sie haben in Ihrem Kopf *Bilder* gesehen. Bilder von einer gepflasterten Straße, von der die Pflastersteine entfernt worden waren. Bilder von einer Straße, die nur noch aus Sand bestand. Bilder von jemandem, der die Pflastersteine wieder auf den Sand schichtet.

Das ist faszinierend: Sie können mit Worten bestimmen, was im Kopf Ihres Zuhörers passiert. An den Ohren sind Teleskopstangen ausgefahren, und dazwischen ist eine Leinwand gespannt. Und wenn Sie es richtig anstellen, sind Sie Herr über die Bilder, die auf dieser Leinwand entstehen.

Mit Bildern erreichen Sie die tiefste unterbewusste Ebene des Menschen. Der Trick besteht darin, in Bildern zu argumentieren. Wie das geht, erfahren Sie in diesem Kapitel. Damit erlangen Sie eine Überzeugungskraft, die mit (fast) nichts anderem zu erreichen ist.

Nehmen wir einmal an, Sie haben eine Firma, die Software produziert. Sie haben einem Kunden eine Software mit dem Argument verkauft, dass er damit zum einen schnellere Eingaben machen kann und dass zum Anderen die Fehlerquote sinkt. Zwei Wochen später kommt ein Anruf vom Kunden. Er sagt:

> „Hören Sie, Sie haben uns versprochen, dass wir mit Ihrer Software schneller werden. Tatsache ist: Wir sind wesentlich langsamer geworden. Wir brauchen 50 Prozent mehr Zeit als mit dem alten System. Und was noch schlimmer ist: Wir haben doppelt so viele Fehler wie vorher. Wir werden Ihre Software wieder deinstallieren und verlangen unser Geld zurück."

Der geschockte Verkäufer gibt eine Erklärung ab und argumentiert wie gewohnt:

> „Lieber Kunde, nicht so schnell. Ich kann Ihnen das Phänomen erklären. Schauen Sie, Sie haben eine neue Software. Die Leute kennen die Software noch nicht – natürlich brauchen Ihre Mitarbeiter am Anfang etwas mehr Zeit, um damit arbeiten zu können. Zweitens: Das neue Programm kennen Ihre Mitarbeiter nicht so gut. Dabei passieren Fehler. Aber wenn Sie hartnäckig dranbleiben, dann wird das mit der Zeit schon besser."

Was der Verkäufer sagt, ist die Wahrheit. Wir alle kennen das: Bei einem neuen System kennt man sich noch nicht so gut aus, man muss sich erst einarbeiten. Aber fragen Sie sich einmal, wie groß auf einer Skala von null bis zehn Ihre Zufriedenheit mit dieser Antwort ist. Und jetzt passen Sie auf, wie sich Ihre Zufriedenheit ändert, wenn ich nun mit Ihrem Unterbewusstsein arbeite. Ich argumentiere nicht mit einem Sachargument, sondern mit einem bildhaften Vergleich:

> „Lieber Kunde, stellen Sie sich vor, bei Ihnen in der Firma gäbe es einen Menschen, der in atemberaubender Geschwindigkeit mit dem Zwei-Finger-System auf der PC-Tastatur schreibt. Eines Tages gehen Sie zu ihm und sagen ihm, dass Sie wüssten, wie er wesentlich schneller werden könne. Er erklärt sich einverstanden, und Sie zeigen ihm das Zehn-Finger-System. Zunächst einmal wird dieser Mann langsamer. Aber trotzdem ist es das bessere System. Und genauso ist es auch mit unserer Software."

Blicken Sie nun auf die Überzeugungsskala von null bis zehn: Wo befinden Sie sich jetzt? Wenn ich mit einem bildhaften Vergleich argumentiere, operiere ich im unterbewussten Bereich meiner Zuhörer. Es ist faszinierend zu beobachten, um wie viel größer die Aufmerksamkeit der Zuhörer dadurch wird. Sie hören viel gebannter zu. Mit der Sachargumentation reißen Sie niemanden vom Hocker. Beim bildhaften Vergleich jedoch machen die Zuschauer große Augen und Ohren. Er wirkt nicht nur einfach besser, die Überzeugungskraft ist dramatisch höher. Das ist das goldene Prinzip:

> Sie argumentieren nicht mehr in Sachargumenten. Sie argumentieren in Bildern.

Hier ein weiteres Beispiel: Aktienfondsverkäufer hatten nach dem Platzen der Börsenblase im Herbst 2008 einen schweren Stand. Alle Aktienindizes befanden sich zweieinhalb Jahre lang im freien Fall. Doch die Aktienfondsverkäufer konnten ja nicht einfach ihren Beruf aufgeben, sondern mussten weiter versuchen, ihre Aktienfonds zu verkaufen. Der durchschnittliche Kunde gab ihnen in der Regel einen Korb: „Hören Sie, ich möchte, dass sich mein Geld vermehrt und nicht vor meinen Augen in Luft auflöst. Aktienfonds kommen für mich nicht in Frage."

Der geschulte Aktienfondsverkäufer argumentierte, wie er es gelernt hatte: „Lieber Kunde, das stimmt – es gibt Minusjahre. Das haben wir gerade erlebt. Aber auf lange Sicht, auf einen Zehn-Jahres-Horizont gesehen, lohnt sich eine Investition in Aktienfonds mehr als in Festverzinsliche. Das ist statistisch nachweisbar."

Schauen Sie wieder auf Ihrer Überzeugungsskala von null bis zehn nach, wo Sie mit dieser Argumentationslinie stehen. Haben Sie Lust zu kaufen? Nicht wirklich? Dann passen Sie nun auf, wie sich das ändert, wenn ich das Sachargument wieder in einen bildhaften Vergleich kleide und es damit vom Verstand in das Unterbewusstsein des Zuhörers bringe:

> „Lieber Kunde, können Sie sich daran erinnern, als Sie noch ein Kind waren? Damals hatten Sie ein kleines Fahrrad, und daran waren Stützräder anmontiert. Sie konnten einfach nicht umfallen – es war unmöglich. Eines Tages hat Ihr Vater diese Stützräder abmontiert. Wissen Sie noch, wie Sie auf die Nase gefallen sind? Nicht nur ein Mal – viele Male. Aber seither kommen Sie zehn Mal schneller ans Ziel als mit der absoluten Sicherheit dieser Stützräder. Und genauso ist es auch mit den Aktienfonds. Ja, Sie fallen damit mal auf die Nase. Ja, es gibt Minusjahre. Aber Sie erzielen um einen Faktor bessere Ergebnisse als mit der absoluten Sicherheit der Festverzinslichen."

Blicken Sie wieder auf Ihre Skala: Wo stehen Sie jetzt? Sie hören dem Redner wieder um ein Vielfaches aufmerksamer zu. Auf Ihre Leinwand im Gehirn ist dieses Fahrrad projiziert, mit den Stützrädern und mit jemandem, der auf diesem Fahrrad fährt … Spüren Sie, dass man gegen solch ein Argument fast nicht ankommt? Was wollen Sie dagegen auch sagen? Ein Bild bleibt a priori erst einmal unangreifbar. Der Zuhörer denkt: „Ja, stimmt, das hat was!"

Nur weil ein Bild erzeugt wird, glauben wir es. Eine meiner Coaching-Kundinnen war Kieferorthopädin, die sich auf ganzheitliche Kieferorthopädie spezialisiert hatte. Sie hatte festgestellt, dass Kinder mit erfolgter Zahnkorrektur nach einer gewissen Zeit mit erneuter Zahnfehlstellung zu ihr in die Praxis kamen. Durch Untersuchungen hatte sie herausgefunden, dass die Ursache für die immer wiederkehrende Zahnfehlstellung eine Milchunverträglichkeit war. Durch die Milchunverträglichkeit war die Darmflora dieser Kinder geschädigt, was wiederum eine verstopfte Nase zur Folge hatte. Die Kinder mussten ständig durch den Mund atmen und drückten deshalb die flach liegende Zunge an den unteren Zahnkranz, sodass sich diese Zahnreihe immer wieder verschob. Kinder, die mit Zahnfehlstellung und einer dauerhaft verstopften Nase zu ihr in die Praxis kamen, bekamen erst einmal eine Ernährungsumstellung verordnet. Dadurch konnte sich die Darmflora regenerieren – und siehe da, die Kinder kamen nur noch ein einziges Mal zu ihr, um die Zahnfehlstellung zu reparieren. Die Kieferorthopädin wollte einen Vortrag vor etwa 50 Zahnärzten halten. Ich entwickelte für sie zu diesem Thema folgenden bildhaften Vergleich:

„Stellen Sie sich vor, Sie fahren mit 50 Stundenkilometern durch eine Ortschaft. Durch irgendeine Unachtsamkeit streifen Sie den Bordstein. Es tut einen kleinen Schlag, aber Sie fangen das Auto wieder ab und fahren ohne Probleme weiter. Nichts ist passiert. Zwei Monate später müssen Sie zur Inspektion. Die Werkstatt macht den Service, und als Sie das Auto zurückbekommen, sagt man Ihnen, dass auch ein Reifenwechsel nötig ist, denn die Reifen seien abgefahren. Vier Monate später gehen Sie aus einem anderen Grund in die Werkstatt. Neben anderen Reparaturen werden wieder neue Reifen aufgezogen. Sie wundern sich, aber man zeigt Ihnen zum Beweis die abgefahrenen Reifen. Vier Monate später kommen Sie wieder aus einem anderen Grund in die Werkstatt, und wieder sind neue Reifen fällig. Erst zwei Jahre später erfahren Sie, was passiert ist: Wenn eine Hinterradachse am Auto korrekt funktioniert und im rechten Winkel zu den Rädern steht, dann liegen beide Räder flach auf der Straße. Dadurch ist garantiert, dass die Räder sich links und rechts gleichmäßig abfahren. Wenn Sie aber mit Ihrem Auto auf einen Bordstein fahren, kann die Achse einen minimalen Knick davontragen. Dadurch stellt sich ein Rad leicht schräg. Und deshalb fährt sich das Rad an derselben Stelle immer wieder ab, sodass Sie permanent den Reifen wechseln müssen … Die meisten Kieferorthopäden wechseln ständig die Reifen. Aber sie bekommen die Ursache nicht in den Griff."

Der rote Faden, um Bilder zu finden

Die entscheidende Frage lautet nun: Die Beispiele klingen ja ganz gut, aber wie kommen Sie auf solche bildhaften Vergleiche? Ich habe einen „roten Faden" entwickelt, wie Sie solche Bilder finden können. Das ist eine Technik, mit der Ihnen der zündende Gedanke wesentlich einfacher kommt, als wenn Sie auf die göttliche Eingebung warten. Dieser rote Faden bringt Ihr Gehirn dazu, Bilder auszuspucken.

Es braucht allerdings eine strenge disziplinierte Vorgehensweise. Diese Vorgehensweise ist von mir entwickelt worden, würde aber den Rahmen dieses Buches sprengen. Wer tiefer in das Bilder Entwickeln einsteigen will, kann das in meinem Buch „Sprechen in Bildern“ tun (zu beziehen über meine Homepage www.poehm.com). Dort gebe ich Ihnen eine fast mathematische Vorgehensweise, wie Sie mit dem von mir entwickelten roten Faden systematisch sprachliche Bilder entwickeln können.

Sprachliche Bilder, werden in der Politik von guten Kommunikatoren oft eingesetzt.

Im Jahr 2002 warf die Opposition dem damaligen Bundesfinanzminister Hans Eichel vor: „Herr Eichel, Sie haben bereits vor der Bundestagswahl 2002 gewusst, dass die Wirtschaftsprognosen schlechter sind als dargestellt – Sie haben die Wähler betrogen.“

Damals hatte Hans Eichel medienwirksam mit einem bildhaften Vergleich gekontert:

> „Nur weil im Sommer ein paar Wölkchen am strahlend blauen Himmel stehen, müssen Sie noch lange keine Prognose für eine Schlechtwetterperiode stellen.“

Durch die Allgemeinaussage wird jedes Bild universell einsetzbar

Das Faszinierende ist, dass man ein einmal gefundenes Bild in unterschiedlichen Situationen immer wieder einsetzen kann. Der Schlüssel dazu ist die Allgemeinaussage! Mit der Allgemeinaussage haben Sie die Möglichkeit, ein Bild nicht nur bei einem speziellen Sachargument einzusetzen, sondern auch bei beliebig anders gelagerten Sachargumenten, denen dieselbe Wahrheit zugrunde liegt. Das ganze Leben ist so aufgebaut, dass wir immer wieder auf dieselben Grundproblematiken stoßen – wenn wir also mit einer Bibliothek an bildhaften Vergleichen für diese Grundproblematiken ausgerüstet sind, bleiben wir sprachlich unverwundbar.

Für folgendes Sachargument soll ein bildhafter Vergleich gefunden werden: „Auch wenn es bei Ihnen in der Gemeinde einen katholischen Pfarrer gibt, der sagt: ‚Es gibt nichts gegen schwule Paare einzuwenden', heißt das noch lange nicht, dass die katholische Kirche in der Gesamtheit fortschrittlich ist." Hier ein bildhafter Vergleich, der diesem Sachargument zu größerer Wirkung verhilft:

> „Das Statistische Amt der Europäischen Union hat eine Statistik über die Körpergröße der einzelnen EU-Völker herausgebracht. Darin steht zum Beispiel zu lesen, dass die Sizilianer im Durchschnitt kleiner sind als die Deutschen. Es gibt aber trotzdem ein paar Sizilianer, die über zwei Meter messen. Schauen Sie – genauso ist es auch mit der offiziellen Kirche. Der Pfarrer, den Sie erwähnt haben, ist die Ausnahme – das ist der zwei Meter messende Sizilianer. Die statistisch relevante Regel ist anders: Die Kirche ist klein im Fortschritt."

Wenn wir uns die Allgemeinaussage ansehen, erkennen wir, dass in dem Bild eine Grundwahrheit steckt, die im Leben in vielfältigen Situationen anwendbar ist: „Ein Ausnahmebeispiel beweist noch lange nicht die universelle Gültigkeit der Aussage." Dieses Argument können Sie nicht nur am Beispiel des toleranten katholischen Pfarrers ins Feld führen, sondern in zahllosen anderen

Fällen, in denen jemand von einer Ausnahme auf die Regel schließen will. Hier eine Sammlung von Einwänden, auf die Sie als Erwiderung die Sizilianer-Metapher anwenden können:

- „Es stimmt gar nicht, dass Männer weniger weinen als Frauen. Ich kenne Männer, die auch weinen."
- „Dass die Skandinavier alle blond sind, ist ein Vorurteil. Ich kenne mehrere Schweden, die pechschwarzes Haar haben."
- „Die Aussage, dass Jugendliche immer früher ihren ersten Sex haben, ist falsch. Meine Nichte ist 15 und immer noch Jungfrau."
- „Sie täuschen sich, dass heutzutage Handys nach einem Jahr schon wieder ausgetauscht werden. Ich kenne jemanden, der schon fünf Jahre dasselbe Handy hat."
- „Heutzutage gibt es immer mehr Frauen, die auch Männer ansprechen."
- „Lass mich mit der katholischen Kirche in Ruhe. Ich habe gerade gelesen, dass sich wieder ein Bischof an Kindern vergriffen hat."

Und jetzt aufgepasst! Das Größte, das ich jemals entwickelt habe, stellte ich jedermann zur Verfügung. In meinem Buch „Sprechen in Bildern" können Sie aus 200 Metaphern schöpfen, rund die Hälfte davon ist von mir entwickelt.[9] In dieser Sammlung bildhafter Vergleiche steckt eine riesen Portion Kreativität und viel, viel Herzblut. Die Sammlung ist so aufgebaut: Es gibt jeweils einen Angriff, einen Einwand oder ein Argument, und als Erwiderung wird Ihnen ein sprachliches Bild geliefert. Einzigartig an dieser Sammlung ist, dass Sie mit der je-

9 Buch „Sprechen in Bildern" Pöhm Inhousefactory. Zu beziehen über www.Poehm.com.

weiligen Allgemeinaussage den Schlüssel erhalten, wie Sie das sprachliche Bild universell auf beliebige andere Argumente anwenden können. Die Metaphern in dieser Bibliothek sind so gestrickt, dass Sie sie im Alltagsgespräch wirklich als Argument einsetzen können. Damit sind Sie dem Gesprächspartner immer um eine Nasenlänge voraus.

Der Trick mit der Wortgleichheit

Ich bin eines Tages durch Zufall auf etwas gestoßen, das mich völlig fasziniert hat. Ich habe festgestellt, dass das Gehirn bei bildhaften Vergleichen ein ganz bestimmtes Signal braucht, um eine verblüffende Reaktion auszulösen. Sobald das Gehirn dieses Signal erkennt, *glaubt* es dem Bild – es hält das Bild für erwiesen, nur weil dieses Signal auftaucht. Zusätzlich potenziert man durch dieses Signal die Wirkung des bildhaften Vergleichs.

Und so wird ein gefundenes Bild zur Rakete: Zunächst schließen Sie das Bild mit einem Schlusssatz ab. Der Schlusssatz beginnt mit den Worten:

„Genauso ist es bei…“. Erwähnen Sie nochmals das Stichwort der Originalsituation. Auf die vorausgehenden Beispiele angewandt würde das etwa heißen:

„Genauso ist es auch mit den *Aktienfonds*“, „Genauso ist es auch beim *Bewerbungsgespräch*“, „Genauso ist es auch mit unserer *Software*“.

Und jetzt kommt der Trick: Das Signal, das das Gehirn braucht, um dem Bild sofort Glauben zu schenken, heißt:

Der Schlusssatz geht nämlich noch weiter. Sie setzen den Schlusssatz fort mit den Worten „auch hier …" und jetzt erklären Sie, warum die Originalsituation und das Bild ein und dasselbe bedeuten. Dabei benutzen Sie Wörter und Begriffe, die sowohl in der Originalsituation als auch im Bild Sinn geben. Das ist der Trick! Nehmen wir uns zur Verdeutlichung noch einmal den bildhaften Vergleich der gepflegten Kleidung beim Bewerbungsgespräch vor:

> „Ziehen Sie sich bei einem Bewerbungsgespräch schön an, denn dadurch steigen die Chancen den Job zu bekommen. Stellen Sie sich vor, Sie wollen ein gebrauchtes Auto kaufen. Beim Händler haben Sie zwei BMW zur Auswahl. Beide haben die selbe Kilometerleistung und den selben Preis. Der eine BMW hat einen stumpfen Lack, Rostflecken und abgewetztes Leder. Neben dem vergammelten BMW steht der zweite BMW blitzblank und wie frisch lackiert da. Der Motor glänzt, die Felgen sind hochglanzpoliert und die Ledersitze frisch eingeölt. Welchen BMW würden Sie kaufen? Ja, natürlich: den geputzten! Schauen Sie, und genauso macht es der Personalchef. Auch er *kauft* den Kandidaten ein, der *geputzt* und im *schöneren* Lack daherkommt."

Wir haben hier drei Wörter, die sowohl auf die Originalsituation als auch auf das Bild passen. Das erste Wort ist „kaufen". Im Bild *kauft* er den BMW – in der Originalsituation *kauft* der Personalchef den Kandidaten ein. Das zweite Wort ist „putzen": Im Bild nimmt er das Auto, das *geputzt* ist, in der Originalsituation nimmt er den *geputzten* Bewerbungskandidaten. Das dritte Wort ist „schöner

Lack". Im *schönen Lack* daherkommen gilt im übertragenen Sinn für die Kleidung – und auch für Autos. Wenn das Publikum auf der unterbewussten Ebene diese Wortgleichheit erkennt, dann *glaubt* es dem Bild und denkt nur noch: „Ach, ist das schön."

Im Buch „Sprechen in Bildern" gebe ich weitere Beispiele für die Wortgleichheit. Außerdem erkläre ich Ihnen dort, wie Sie die Wortgleichheit auch in der Alltagssprache so einsetzen können, dass der Zuhörer Ihren Aussagen glaubt.

Fazit: Sie können durch Herstellen von Wortgleichheit einfach Thesen aufstellen, die Sie im Prinzip nicht mehr zu beweisen brauchen.

Der Steinmetz

Zum Abschluss noch ein Bild, das ich bei einer öffentlichen Rede eingesetzt habe. Als Karlheinz Böhm 75 Jahre alt wurde, hielt ich in der Schweiz bei einer Galaveranstaltung die Laudatio. Ich bin ehrenamtlich im Stiftungsrat von „Menschen für Menschen" tätig, der Stiftung von Karlheinz Böhm.

„Menschen für Menschen" kümmert sich um die in unvorstellbarer Armut lebenden Menschen in Äthiopien. Böhm kämpft dort gegen eine Tradition, die Jahrtausende alt und sehr tief in der Bevölkerung verwurzelt ist: die Beschneidung von Mädchen. Vor Karlheinz Böhm hatte es kaum jemand gewagt, dagegen vorzugehen – zu fest ist diese Tradition im gesellschaftlichen Leben verankert, zu tief ist der Glaube der Bauern, es sei ein religiöses Gebot, zu groß ist die Angst der Frauen, keinen Mann mehr zu bekommen. Karlheinz Böhm hat dennoch diesen Kampf aufgenommen. Aber so etwas dauert seine Zeit, das geht nicht von heute auf morgen. In der Laudatio sagte ich Folgendes:

> „Herr Böhm, wenn ich Sie anschaue, denke ich an einen Steinmetz. Wenn ein Steinmetz einen Steinquader an einer bestimmten Stelle auseinanderschlagen möchte, dann zieht er einen Strich an der Stelle, an der der Stein auseinanderbrechen soll. Dann nimmt er einen Hammer und einen Meißel und haut einmal den Strich entlang. Er haut ein zweites Mal und ein drittes Mal – nichts bewegt sich. Er haut zehnmal auf immer dieselbe Stelle – es ist keine sichtbare Veränderung an dem Stein zu erkennen. Er haut hundertmal auf immer dieselbe Stelle – keine sichtbare Veränderung. Erst nach dem zweihundertsten, vielleicht sogar erst nach dem dreihundertsten Schlag auf immer dieselbe Stelle macht es plötzlich „wumm", und der Stein bricht exakt an der Stelle, auf die der Steinmetz vorher scheinbar sinnlos dreihundertmal geschlagen hatte. Die Tradition der Frauenbeschneidung ist noch nicht gebrochen. Aber es ist Ihren unermüdlichen Schlägen zu verdanken, dass sie irgendwann brechen wird. Und wenn Sie nur das in Ihrem Leben getan hätten, hätte sich Ihr Leben gelohnt."

Wollen Sie etwas für die Menschen im drittärmsten Land der Erde tun? Klicken Sie auf www.menschenfuermenschen.org und investieren Sie in eine bessere Welt.

Zwei Handlungsebenen

Der Museumsdirektor kommt auf die Bühne. Er nimmt einen roten Stift und zeichnet schweigend eine wirre Zickzacklinie von links oben nach rechts unten auf das Flipchart. Er nimmt einen grünen Stift und zeichnet ein unregelmäßiges Oval vom linken bis zum rechten Rand. Er nimmt einen blauen Stift und macht quer über das Bild eine blaue Schlangenlinie. Er legt den Stift zur Seite, dreht sich zum Publikum und sagt: „Sie haben gerade die Entstehung eines Kunstwerks im Wert von 50.000 Euro miterlebt." Etwa fünf Sekunden blickt er bedeutungsschwanger ins Publikum. Dann redet er weiter:

> „November 1976. Die SPD Leverkusen feiert ein Fest. Zwei Frauen suchen noch ein Gefäß zum Spülen ihrer Gläser. Sie suchen im Festsaal, finden aber nichts. Sie laufen durch den Flur und stoßen die nächste Tür auf. Offensichtlich eine Abstellkammer. Sie entdeckten eine verschmutzte Kinderbadewanne. Sie sagen sich: ‚Das ist es! Das alte Ding passt genau, wir müssen es nur schön sauber machen.' In weniger als einer Viertelstunde befreien sie die Badewanne von Pflastern, Mullbinden und Fett. Das Spülproblem auf dem Fest ist gelöst. Drei Tage später steht in der örtlichen Tageszeitung folgende Schlagzeile: ‚Kunstwerk von Joseph Beuys im Wert von 180.000 Mark im Museum von Partygesellschaft zerstört!' (Drei Sekunden Pause) Ob ein Kunstwerk 50, 100, 1.000, 10.000 oder 100.000 Euro wert ist, lässt sich mit objektiven Maßstäben nicht beurteilen … Der teuerste Preis, der bisher für ein Stück bemalte Leinwand bezahlt wurde, ist das Klimt-Gemälde ‚Porträt Adele Bloch-Bauer I'. Es wurde in New York für 135 Millionen Dollar ersteigert. Der reale Preis für ein Gemälde ist genau der Preis, den jemand dafür zu zahlen bereit ist – sonst nichts. Ob mein bemaltes Flipchartblatt 50.000 Euro wert ist oder nicht, ist nicht die Frage. Die

> Frage ist immer: Wer will dieses Kunstwerk, und was ist er bereit dafür auszugeben? Unser Museum hat in diesem Jahr fünf neue Bilder ersteigert …"

Manchmal werden in Filmen oder Romanen zwei Geschichten erzählt, die scheinbar nichts miteinander zu tun haben. Und erst später im Film oder im Buch werden die Handlungsstränge zusammengeführt. Genau dasselbe machen wir in unserer Rede. Das ist eines der wirkungsvollsten Stilmittel moderner Rhetorik. Der Trick ist folgender:

> Sie bauen zwei Handlungsebenen auf, die Sie erst später in der Rede zusammenführen.

In unserem obigen Beispiel ist die erste Handlungsebene die selbst gemalte Zeichnung auf dem Flipchart. Dann wird ohne Überleitung die zweite Handlungsebene aufgebaut: zwei Frauen, die eine verdreckte Badewanne reinigen – und erst zum Schluss werden die beiden Handlungsebenen zusammengeführt. Hier ein anderes Beispiel:

> „Wer von Ihnen glaubt an die Wiedergeburt? Hand hoch! (Vier Sekunden Pause – Ebenenwechsel) 4. April 1952. Morey Bernstein schreibt in sein Tagebuch: ‚Heute Abend will ich einen neuen hypnotischen Versuch unternehmen, einen Versuch, wie ich ihn noch niemals unternommen habe. Das Medium heißt Ruth Simmons …'"

Mit einem derartigen Redeanfang haben Sie eine Spannung wie Altmeister Hitchcock aufgebaut. Der Redner weckt mit der Hand-hoch-Abstimmung Neugier, die er erst einmal nicht stillt. Dann baut er das zweite Element, den Tagebucheintrag, als weitere Handlungsebene auf, und erst im Laufe der Rede führt er beide zusammen. Beim Handlungsebenenwechsel gilt immer:

Zwischen erster und zweiter Geschichte gibt es keine Überleitung – Sie machen lediglich eine Pause.

Für die Rede des bereits erwähnten Coaching-Kunden, der Inhaber einer Firma für Industriedesign war, entwickelte ich ebenfalls eine Passage mit zwei Handlungsebenen. Er referierte vor etwa 50 Unternehmern – potenziellen Kunden. So lautete sein Einstieg:

> „Nehmen Sie bitte ein Blatt Papier! – Schreiben Sie darauf den Umsatz des Produktes Ihrer Firma, das sich am besten verkauft. (Er wartet, bis es alle getan haben.) Jetzt multiplizieren Sie den Umsatz mal sieben. Schreiben Sie das Ergebnis darunter." (Vier Sekunden Pause. Ebenenwechsel.)

Dann erzählte er die Geschichte, wie er dank neuem Industriedesign den Bohrmaschinenumsatz versiebenfacht hatte, und anschließend führte er die Handlungsebenen folgendermaßen wieder zusammen:

> „Sehen Sie, die Zahl, die Sie da eben auf Ihr Blatt Papier geschrieben haben, ist die Umsatzzahl, die sich versiebenfacht hätte, falls das *Ihr* Produkt gewesen wäre. Wir gestalten neues Design, und es hat noch nie einen Fall gegeben, in dem die Umsätze danach nicht nach oben geklettert wären …"

Unterschiedliche Handlungsebenen aufzubauen ist eine sehr elegante Methode, die die Menschen berührt und fasziniert.

Demonstration

Ein Redner kommt auf die Bühne und sagt:

> „Die meisten Menschen haben viele Pläne. Sie wahrscheinlich auch. Sie wollen Italienisch lernen, aber Sie sagen sich: Ich habe keine Zeit, ich habe schon so viel Stress. Sie wollen anfangen zu meditieren, aber Sie sagen: Ich habe keine Zeit, ich habe schon so viel Stress. Sie wollen regelmäßig joggen, aber Sie sagen: Ich habe keine Zeit, ich habe schon so viel Stress. Sie wollen mehr Bücher lesen, aber Sie sagen: Ich habe keine Zeit, ich habe schon so viel Stress. Wir tun so viele Dinge nicht, die wir für gut erachten, weil wir zu viel Stress haben."

Jetzt nimmt er vor den Augen des Publikums in die linke und die rechte Hand schweigend je ein gefülltes Wasserglas. Dann winkt er einen Helfer auf die Bühne, der ihm ein neues Glas Wasser unter den linken Ellbogen klemmt und dann ein weiteres Wasserglas unter den rechten Ellbogen. Vor ihm auf einem Tisch steht noch ein Wasserglas.

> „Schauen Sie: Ich halte vier Gläser, und hier vor mir auf dem Tisch steht ein weiteres Glas."

Er bleibt schweigend eine Zeit vor dem Glas stehen.

> „Wie kann ich dieses Glas greifen? Ich zeige Ihnen jetzt die Lösung dieses Problems."

Er nähert sich dem Tisch, streckt seine rechte Hand aus, lässt das Glas in seiner Hand fallen, das Glas unter seinem rechten Ellbogen fällt ebenfalls, und er greift nach dem Wasserglas auf dem Tisch.

> „Wenn Sie denken, Sie könnten nichts Neues anfangen, weil Sie im Stress sind, dann müssen Sie nur etwas Altes loslassen … und Sie können alles beginnen, was Ihnen wichtig ist."

Das ist eine Demonstration: Damit können Sie auf Knopfdruck Faszination auslösen.

Demonstration ist die Verdeutlichung einer Botschaft an einem echten Objekt.

Hier wieder die entscheidende Frage: Wie kommen Sie auf solche Demonstrationen? Ich habe eine Vorgehensweise entwickelt, wie Sie solche Demonstrationen selbst finden können.

Suchen Sie zunächst einen bildhaften Vergleich, wie es im Kapitel „Bildhafte Vergleiche" auf Seite 191ff. beschrieben ist.

Zwischen den Ohren Ihrer Zuhörer ist eine Leinwand aufgespannt. Wenn Sie einen bildhaften Vergleich gefunden haben und ihn beschreiben, dann wird auf diese Leinwand ein Bild projiziert. Jetzt kommt der Trick:

Das auf die Leinwand projizierte Bild wird einfach mit echten Objekten dargestellt.

Um einen bildhaften Vergleich zu erhalten, haben Sie das Bild in Worten gezeichnet. Um nun auf eine Demonstrationsidee zu kommen, tun Sie nichts anderes, als dieses Beispiel sichtbar mit greifbaren Objekten darzustellen. Die Wirkung potenziert sich dadurch noch einmal. Kehren wir noch einmal zu jenem bildhaften Vergleich zurück, den ich für die Kieferorthopädin entwickelt hatte.

> „Wenn die Hinterradachse an einem Auto korrekt funktioniert und im rechten Winkel zu den Rädern steht, dann liegen beide Räder flach auf der Straße. Dadurch ist garantiert, dass die Räder sich links und rechts gleichmäßig abfahren. Wenn Sie aber mit Ihrem Auto auf einen Bordstein fahren, dann kann es passieren, dass die Achse einen minimalen Knick davonträgt. Dadurch stellt sich ein Rad leicht schräg. Und deshalb fährt sich das Rad an derselben Stelle immer wieder ab, und Sie müssen permanent den Reifen wechseln … Die meisten Kieferorthopäden wechseln ständig die Reifen, aber sie kriegen die Ursache nicht in den Griff. Ich schaue bei Ihrem Kind nach, warum es diese Zahnfehlstellung hat, und dann behebe ich erst das … bevor ich die Reifen wechsle."

Um daraus eine Demonstration zu machen, tun Sie Folgendes: Sie nehmen ein größeres Modellauto mit auf die Bühne. Sie haben ebenfalls für einen Modellgehsteig gesorgt. Sie zeigen, wie Sie mit dem Auto an der Bordsteinkante entlangschrammen. Nun beschreiben Sie, dass Sie in die Werkstatt müssen und man Ihnen die Reifen wechselt. Dabei halten Sie das Auto hoch, ziehen zwei Reifen ab und stecken neue Reifen auf das Modellauto. Das tun Sie dreimal nacheinander. Die alten Reifen stapeln Sie sichtbar auf dem Tisch auf der Bühne.

Wenn Sie zur entscheidenden Passage mit der Hinterachse kommen, lassen Sie sich die Modell-Hinterachse eines Autos auf die Bühne bringen: je größer die Achse, desto größer auch die Wirkung. Anhand dieser Achse zeigen Sie dem Publikum das Problem mit der Achsenfehlstellung. Sie haben natürlich alles vorher präpariert und mehrfach trainiert. Aber es hat sich gelohnt: Sie erzielen noch einmal eine um einen Faktor größere Wirkung als mit dem rein *sprachlichen* bildhaften Vergleich.

Die Wortgleichheit war bei den bildhaften Vergleichen schon wichtig, hier ist sie noch wichtiger. Beim abkommentierenden Schlusssatz legen Sie wirklich jedes Wort auf die Goldwaage. Das muss sprachlich absolut sauber begleitet werden.

Zwischen Demonstration und Gleichnis

Bildhafter Vergleich und Demonstration sind zwei hochwirksame Methoden, um beim Publikum in den unterbewussten Bereich zu gelangen. Die Demonstration ist noch wirksamer als der bildhafte Vergleich. Dazwischen gibt es aber noch eine weitere Methode. Sie ist ganz einfach – man muss sie nur kennen.

> Statt den bildhaften Vergleich mit echten Objekten auf der Bühne vorzuführen, *zeichnen* Sie ihn aufs Flipchart.

Die alte Regel bleibt natürlich bestehen: Es ist nicht das fertige Ergebnis, das die Wirkung ausmacht, sondern der Akt des Erschaffens. Deshalb zeichnen Sie ganz einfach das Objekt auf das Flipchart und sprechen dabei denselben Text wie bei der Demonstration. Nehmen wir noch mal das Beispiel der vier Gläser:

„Die meisten Menschen haben viele Pläne. Sie wahrscheinlich auch. Sie wollen Italienisch lernen, aber Sie sagen: Ich habe keine Zeit, ich habe schon so viel Stress. Sie wollen anfangen zu meditieren, aber Sie sagen: Ich habe keine Zeit, ich habe schon so viel Stress. Sie wollen regelmäßig joggen, aber Sie sagen: Ich habe keine Zeit, ich habe schon so viel Stress. Sie wollen mehr Bücher lesen, aber Sie sagen: Ich habe keine Zeit, ich habe schon so viel Stress. Wir tun so viele Dinge nicht, die wir für gut erachten, weil wir zu viel Stress haben."

Nun zeichnen Sie folgendes Bild auf das Flipchart:

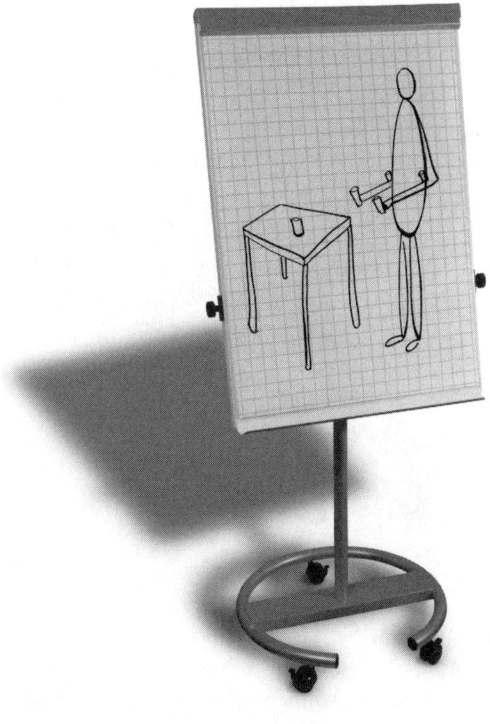

„Sehen Sie her, ich habe hier vier Gläser, die ein Mann hält, und hier vor ihm auf dem Tisch steht ein weiteres Glas. Der Mann bleibt schweigend eine Zeit vor dem Glas stehen. Wie kann er dieses Glas greifen? Ich zeige es Ihnen: Er nähert sich dem Tisch, streckt seine rechte Hand aus, lässt das Glas in seiner Hand fallen, das Glas unter seinem Ellbogen fällt ebenfalls, und er ergreift das Wasserglas auf dem Tisch. (Sie zeichnen dabei seine ausgestreckte Hand.)

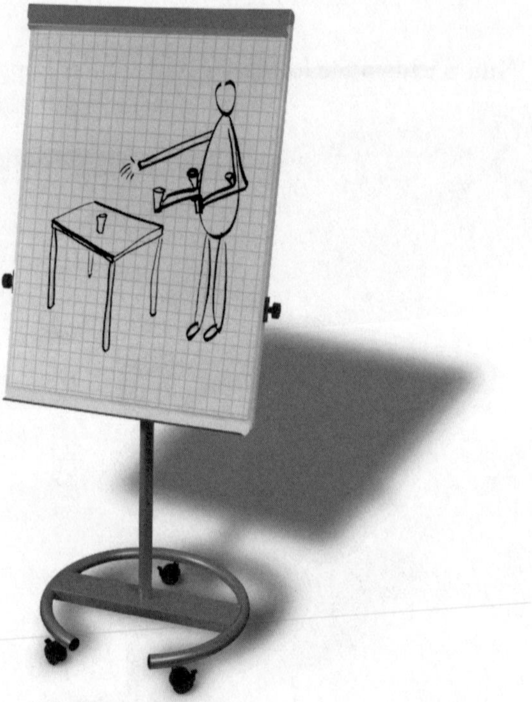

Wenn Sie denken, Sie könnten nichts Neues anfangen, weil Sie im Stress sind, dann müssen Sie nur etwas Altes loslassen … und Sie können alles beginnen, was Ihnen wichtig ist."

Ich nenne diese Vorgehensweise der Zeichnung auf das Flipchart eine „Flipchart-Demonstration“. Wenn wir nun die drei Methoden in der aufsteigenden Reihenfolge ihrer Wirksamkeit auflisten, dann ergibt das folgende Wirksamkeitshierarchie:

1. Bildhafter Vergleich (wirksam)
2. Zeichnung auf Flipchart (wirksamer)
3. Demonstration mit echten Objekten (am wirksamsten)

Wenn Sie die Hinterachsen-Demonstration auf das Flipchart malen, dann könnte das so aussehen:

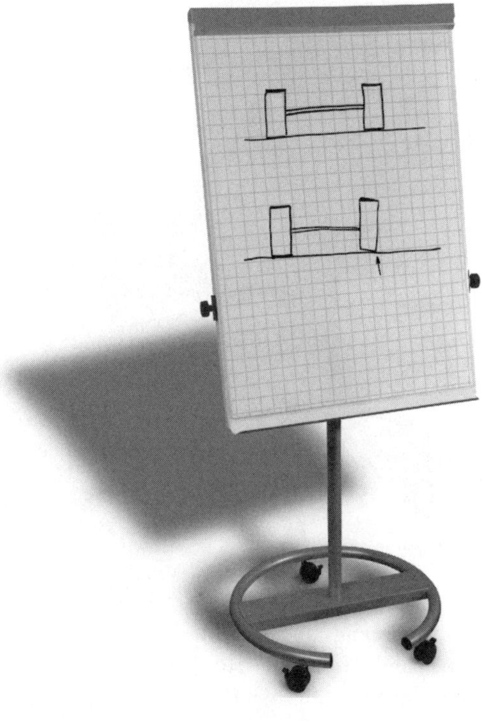

(Den Text zum Hinterachsen-Gleichnis finden Sie auf Seite 191.)

Eine Seminarteilnehmerin von mir war Führungskraft im Multilevel-Marketing und hatte ständig Probleme damit, den Neuinteressenten das Provisionierungsmodell anschaulich zu machen. Sie klagte, die Leute hätten stets Schwierigkeiten, es auf Anhieb zu verstehen. Ich entwickelte für sie folgende Flipchart-Demonstration:

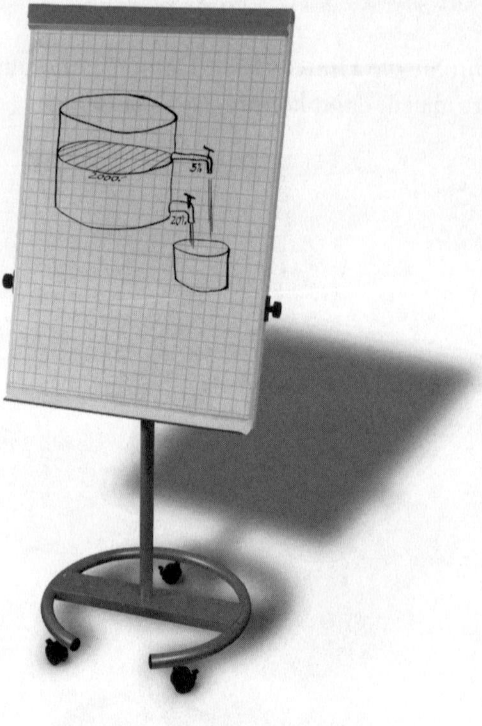

„Unser Provisionierungsmodell sieht so aus: Das hier ist Ihr Umsatzbehälter. (Sie deutet auf den großen Behälter) Unten dran ist Ihr Provisionshahn. Von jedem Umsatz, der

> hier hineingegossen wird, fließen 20 Prozent in Ihren Provisionsbehälter. Nun steigt und steigt der Umsatz, und stets bekommen Sie 20 Prozent in Ihren Provisionsbehälter. Sobald dieser Umsatz ein gewisses Niveau erreicht, reicht er an diesen 5-Prozent-Provisionshahn heran. Der 5-Prozent-Hahn ist am Niveau 2.000 Euro angeschraubt. Sobald der Wasserstand diese Marke übersteigt, fließen zusätzlich zu den 20 Prozent noch einmal 5 Prozent in Ihren Provisionsbehälter."

Sehen Sie? Mit solch einer Zeichnung brauchen Sie keine weiteren Erklärungen mehr. Um aus dieser Flipchart-Demonstration eine Demonstration mit echten Objekten zu machen, würde man einen Plexiglas-Behälter mit zwei angeschraubten Wasserhähnen bauen. Wenn Sie das ganze Szenario dann mit *echtem Wasser* durchspielen, ist ein Maximum an Anschaulichkeit erreicht.

Reden direkt ins Unterbewusstsein

Diffuse Aussagen konkretisieren

Sie erinnern sich noch an meinen Coaching-Kunden, den Inhaber jener Firma für Industriedesign, die alles entwirft, was eine Hülle hat: von Produktionsmaschinen über Autokrancockpits bis zu Bohrmaschinen. In dem Redeentwurf, mit dem er zu mir kam, steckte folgende Aussage: „Durch gutes Design werden mehr Verkäufe erreicht."

Als ich das hörte, sagte ich zu ihm: „Hurra, das ist ja super! Da wird sicher jeder, der das hört, das neue Design nur noch von Ihnen machen lassen?" Ich erntete ein verlegenes Schmunzeln. Wie bei diesem kämpfe ich auch bei vielen anderen Coaching-Kunden mit einem flächendeckenden Problem:

> Die meisten Menschen machen nur *allgemeine* Aussagen, die für das Gehirn des Zuhörers faktisch keine Wirkung haben.

Das Gehirn kann allgemeine Aussagen nicht fassen, ihre Wirkung geht gegen null. Durch Nachfragen konnte ich diesem Coaching-Kunden ein paar Hintergrundinformationen zu seiner Aussage entlocken. Danach gestalteten wir seine unkonkrete Aussage um – und das klang dann so:

> „Wir hatten einmal von einem Bohrmaschinenhersteller den Auftrag bekommen, eine Bohrmaschine neu zu gestal-

ten. Die hatten eine Maschine im Programm, von der sie etwa 70.000 Stück pro Jahr verkauften. Wir entwarfen ein neues Design für diese Bohrmaschine. Was gar nicht beabsichtigt war, schafften wir: Durch unser neues Design konnte sogar Geld eingespart werden. Der Produktionspreis sank von 27 auf 23 Euro pro Gerät. Nachdem diese Bohrmaschine in Produktion gegangen war, teilte mir der Geschäftsführer am Ende des Jahres die neuen Verkaufszahlen mit. Unsere neu gestaltete Bohrmaschine hatte sich … 480.000 Mal verkauft! Ich wiederhole: 480.000 Mal! Durch unser Design hatte sich die Verkaufszahl *versiebenfacht*!"

Und nun noch mal im Vergleich, wie es vorher bei ihm geklungen hatte: „Gutes Design bringt mehr Verkäufe." Diese Aussage hat eine derart vernachlässigbare Wirkung, dass sie schlichtweg weggelassen werden kann. Eine der wichtigsten Regeln der Rhetorik hierzu lautet:

Das Gehirn der Zuhörer *braucht* Konkretes! Mit diffusen Aussagen kann es nichts anfangen.

Sie müssen konkret werden. Das Problem der meisten Redner ist, dass sie nur allgemeine Aussagen machen – und damit leider gar keine Wirkung erzeugen. In meinem Seminar war einmal der Inhaber einer Werbeagentur. Als er eine Akquisepräsentation für seine Firma hielt, drang folgender Satz an mein Ohr: „Von dieser Werbekampagne wird eine große PR-Wirkung ausgehen." Hoppla, dachte ich mir als Zuhörer. Das ist ja toll, den buche ich sofort!

Tatsache ist, dass eine solche allgemeine Aussage keinerlei Wirkung erzeugt. Hier einige Zitate aus Reden, die man auch einfach hätte weglassen können:

- „Frau Furrer hat eine kompetente Frauenpolitik gemacht.“
- „In meiner Jugend war ich schüchtern.“
- „Der Verband wurde wieder zum Leben erweckt.“
- „Aloe vera fördert die Gesundheit.“
- „Unsere Firma hat eine gute Unternehmenskultur.“
- „Mit unserer Maßnahme wird Ihr Bekanntheitsgrad gesteigert.“
- „Aktive Kundenbetreuung bringt Verdienstzuwachs.“
- „Wer nachts nicht genug schläft, ist am Tag nicht leistungsfähig.“
- „Die Investition amortisiert sich.“

Das Problem ist: Das Gehirn glaubt solchen Aussagen nicht. Das sind Behauptungen, die nicht bewiesen sind. Es ist für das Gehirn der Zuhörer so, als ob Sie es gar nicht gesagt hätten. Aber Sie können Abhilfe schaffen: mit einer ganz einfachen Methode, mit der Sie in Zukunft jede Allgemeinaussage in eine für das Gehirn glaubhafte Botschaft verwandeln können. Hier nun die goldene Regel, die recht simpel ist, aber immer funktioniert:

> Das Gehirn der Zuhörer glaubt Ihnen, sobald Sie ein *Beispiel* liefern.

Sie geben ein Beispiel, und jetzt glaubt Ihnen der Zuhörer. Wie vereinfachend das auch klingen mag – es ist tatsächlich so. Wenn Sie beispielsweise sagen:

„Die Investition amortisiert sich“, dann ist das eine wirkungslose Aussage, die keinerlei Glaubwürdigkeit besitzt. Hören Sie sich die Wirkung an, wenn ich denselben Sachverhalt mit einem Beispiel dokumentiere:

> „Lieber Kunde, die neue Heizungsanlage kostet 28.000 Euro. Sie stellen von Öl auf Gas um und sparen dadurch jeden Monat 400 Euro. Monat für Monat. Jahr für Jahr. Jahrzehnt für Jahrzehnt. Nach genau sechs Jahren hat sich die Anlage über die Einsparung von selbst bezahlt. Und jetzt kommt's: Ab dem sechsten Jahr werfen Sie jeden Monat 400 Euro weg. Monat für Monat. Jahr für Jahr. Jahrzehnt für Jahrzehnt. Können Sie sich das leisten?"

Vorher klang das so: „Diese Investition amortisiert sich." Zunächst einmal wurde das Unwort „amortisieren" durch den Ausdruck „bezahlt sich von selbst" ersetzt. Das klingt schon viel anschaulicher. Und dann wurde an einem konkreten Beispiel mit Zahlen vorgerechnet, was das bedeutet.

Kehren wir nun zurück zu der zuvor erwähnten Aussage: „Von dieser Werbekampagne wird eine große PR-Wirkung ausgehen." Um ihr zu mehr Wirkung zu verhelfen, fragen Sie sich ganz einfach: Welche exemplarische Werbekampagne hatte große PR-Wirkung? Das könnte dann so klingen:

> „Wir hatten einmal einen Kunden, für den wir eine Werbekampagne schalteten. Dieser Kunde produzierte Waschmittel. Die Verkaufszahlen des Waschmittels – das hatten wir vorher festgestellt – lagen bei 321.000 Einheiten pro Jahr. Dann führten wir diese Werbekampagne nach unserem Konzept durch. Wir machten eine Marktanalyse, um herauszufinden, bei welchem Medium die größten Erfolgsaussichten zu erwarten waren. Heraus kam eine Kombination aus Fernsehen und Plakatwerbung. Am Ende sah es dann folgendermaßen aus: Von 321.000 kletterten die Verkaufszahlen auf 540.000 Einheiten pro Jahr."

Die allgemeine Aussage: „Von dieser Kampagnc wird eine große PR-Wirkung ausgehen", lässt alle kalt. Aber schon ein einziges Beispiel reicht, damit die Zuhörer daran glauben. Selbst wenn Sie vorher 15 Werbekampagnen in den Sand gesetzt haben und nur diese eine Erfolg hatte, ist das ihrem Gehirn egal: Es glaubt dem einen Beispiel.

Lieber Leser, nehmen Sie nun einmal Ihre Werbeprospekte zur Hand und schauen Sie sich mit Ihrem jetzigen Wissen an, was Sie dort geschrieben haben. Vermutlich wimmelt es darin nur so von allgemeinen, nichtssagenden Aussagen. Ich würde auf keinen Fall auch nur eine Briefmarke oder ein Briefkuvert verschwenden, um diese Prospekte zu verschicken – egal, wie teuer die Werbeagentur war, die dafür verantwortlich ist. Das Material könnten Sie ebenso gut auch einstampfen. Sie haben noch nie einen Auftrag wegen einer solchen Broschüre bekommen.

Meine lieben Trainerkollegen, die Sie alle Geld in Imagebroschüren stecken: Darin stehen Sätze wie „Wir streben den langfristigen Erfolg Ihrer Mitarbeiter an", „Bei uns steht der Mensch im Mittelpunkt" usw. Das sind leere Luftblasen, die auf niemanden wirken. Dasselbe Drama spiegelt sich in Ihren Homepages wider. Lesen Sie einmal Ihre eigenen Prospekte und Internetauftritte aufmerksam durch und unterstreichen Sie alle Sätze, die nur allgemeine Null-Aussagen sind. Im Normalfall wird am Ende ein Viertel des Textes unterstrichen sein.

Es gibt eine weitere Möglichkeit, wie Sie eine allgemeine Aussage so verpacken können, dass das Gehirn sie regelrecht aufsaugt:

Das Gehirn der Zuhörer glaubt Ihnen, sobald Sie eine *Statistik* liefern.

Sie liefern anstelle eines Beispiels eine Statistik, und das Gehirn Ihrer Zuhörer wird Ihnen genauso glauben. Sehen wir uns einmal an, wie sich die allgemeine Aussage „Von dieser Kampagne wird eine große PR-Wirkung ausgehen" mit einer Statistik „beweisen" lassen könnte:

> „Wir haben eine Erhebung bei all unseren ehemaligen Kunden in den letzten fünf Jahren durchgeführt und Folgendes festgestellt: Nachdem wir unsere Werbekampagne geschaltet hatten, kamen in Radio, Zeitungen und Fernsehen durchschnittlich 38 Medienartikel. Die Bekanntheit der Marke maßen wir ebenfalls: Sie ging über alle Firmen gesehen um 21,5 Prozent nach oben. Wenn vorher also 20.000 potenzielle Kunden die Marke kannten, waren es danach 24.000 – das sind 4.000 mehr. Jetzt überlegen Sie kurz: Wie hoch ist Ihr jetziger Umsatz? Und jetzt rechnen Sie 21,5 Prozent dazu. Wäre das in der nächsten Bilanz nicht ein schönes Highlight?"

Jetzt wirkt das Beispiel. Statistik bedeutet, dass Sie einen Durchschnitt über mehrere Ereignisse gemittelt heranziehen und dies dem Publikum in konkreten Zahlen mitteilen. Damit gilt die Aussage für das Gehirn als bewiesen. Aber wenn Sie als Aussage platzieren: „Von dieser Werbekampagne wird eine große PR-Wirkung ausgehen", können Sie diesen Satz praktisch auch weglassen. Er hat einfach keine Wirkung.

Aus Erfahrung weiß ich, dass das, was ich hier anspreche, die Mehrheit aller Redner betrifft. Streichen Sie also diese Null-Aussagen nicht nur aus Ihren Werbeprospekten und Homepages, sondern natürlich auch aus Ihren öffentlichen Reden. Jetzt wenden viele ein, dass Sie ja dann viel mehr Zeit brauchen, wenn Sie zu jedem Argument noch ein Beispiel oder eine Statistik anführen sollen? Dem liegt ein großer Irrtum zu Grunde.

Es ist nicht die lückenlose Aufzählung aller Vorteile, die das Publikum überzeugt, sondern es ist *ein* Vorteil, der den Bauch der Zuhörer anspricht.

Es ist eine Tatsache: Zum Schluss überzeugt das, was *den Bauch* anspricht, und nicht die Vielzahl der Argumente. Lassen Sie lieber vier von fünf Argumenten weg und platzieren Sie eines davon mit einer meiner Methoden im Bauch Ihrer Zuhörer: So überzeugen Sie – und nicht mit der Schlagwortaufzählung von Vorteilen.

Und dann kommt das Allerschlimmste: Sie präsentieren Ihre Vorteile mit Aufzählungspunkten (auf Neudeutsch „Bulletpoints") in … PowerPoint. Da steht dann wohlgeordnet ein hauptwortlastiger Satz unter dem nächsten. So sieht das üblicherweise aus:

Vorteile unserer Maßnahme

1. Bessere Marktdurchdringung unserer Produkte
2. Vermeidung von Computercrashs
3. Kürzere Produktionszeiten
4. Attraktivitätssteigerung unserer Firma für neue Mitarbeiter

Schauen Sie sich diese PowerPoint-Folie an. Sie sind einfach *nicht* beeindruckt – das können Sie auch gar nicht sein. Aber durchdenken Sie noch einmal in Ruhe, was die obige Maßnahme scheinbar bringt. Eigentlich müsste es sich bei der angepriesenen Maßnahme um die eierlegende Wollmilchsau handeln, bei der Sie vor Freude explodieren müssten.

Aber Tatsache ist: Sie überlesen all das einfach und handeln nicht.

Bitte ziehen Sie jetzt zur Übung die Allgemeinaussagen auf S. 212 heran und machen Sie jeweils eine wirksame Botschaft mit Beispiel oder Statistik daraus.

Der Prediger in der Kirche

Wenn ich zu Weihnachten oder Ostern meine gläubigen Eltern besuche, gehe ich ihnen zuliebe in den Gottesdienst und lasse die Feiertagspredigten über mich ergehen. Ich weiß schon seit langem, warum die Kirchen so leer sind: Diese Predigten sind himmelweit von konkreten Aussagen entfernt. Da wird eine Wischiwaschi-Aussage nach der anderen platziert. Es gibt praktisch nie konkrete Handlungsaufforderungen. Hier exemplarisch einige Aussagen aus katholischen Predigten:

- „Wer Jesus hat, der hat das Leben, wer Jesus nicht hat, der hat das Leben nicht."
- „Nehmt dieses österliche Licht mit nach Hause und lasst es in eure Herzen scheinen."
- „Jetzt durch Gott ist uns die Fülle gegeben, das ewige Leben ist durch seinen Sohn gegeben."

Können Sie mir sagen, was ich damit anfangen soll? Unkonkreter geht es nicht mehr! Was mache ich ab morgen anders? Schulterzucken auf der ganzen Linie. Das sind allgemeine Aussagen, die ohne Wirkung verpuffen. Wenn die Pfarrer und Pastoren wieder volle Kirchen haben wollen, müssen sie ganz anders predigen:

> „Liebe Gemeinde, jeder von euch schließt jetzt bitte die Augen. Jeder denkt jetzt an eine Person, bei der er negative Gefühle hat, sobald der Name ausgesprochen wird. Eine Person, die euch in letzter Zeit sehr weh getan hat, die sich euch gegenüber falsch verhalten hat. Habt ihr sie vor eurem geistigen Auge? Stellt euch weiter vor, diese Person stünde jetzt vor euch. Und jetzt sprecht mir in Gedanken nach: ‚Liebe Person, ich weiß, dass du ein liebender Mensch bist wie ich auch. Du hast mir unrecht getan, ich bin gekränkt, aber trotzdem möchte ich dir verzeihen. Weil ich nicht weiß, unter welchen Umständen du so gehandelt hast, wie auch ich manchmal nicht weiß, warum ich so handle, wie ich handle. Und ich bitte dich um Verzeihung für all die Kränkungen, die *ich* vielleicht dir gegenüber ausgesprochen habe, ohne es zu merken. Ich schenke dir Liebe, ich schenke dir Liebe, ich schenke dir Liebe.‘ Öffnet eure Augen wieder. Und wenn ihr jetzt nach Hause geht, nehmt ihr heute oder spätestens morgen den Hörer zur Hand, wählt diese Nummer und sagt diesem Menschen, was ihr ihm gerade in Gedanken gesagt habt. Das gibt eurem Herzen Frieden."

Sicher wird nur ein kleiner Teil der Gemeinde das auch wirklich tun. Aber die fünf Prozent, die es tun, sind immer noch massenhaft mehr Menschen, als durch die üblichen Predigten erreicht werden. Oder wie wäre es mit dieser einfachen konkreten Handlungsanweisung:

> „Liebe Gemeinde, eure Gedanken beeinflussen euer Leben mehr, als ihr denkt. Was ihr denkt, das *erlebt* ihr. Tut ab heute bitte Folgendes: Jedem Menschen, dem ihr begegnet, schaut ihm ins Gesicht und denkt: ‚Ich segne dich mit

> Liebe.' Sagt es nicht, sondern *denkt* es nur. Schaut ihm kurz in die Augen: ,Ich segne dich mit Liebe.' Tut das wirklich mit jedem Menschen, dem ihr begegnet – *jedem*. In eurer Familie, bei der Arbeit, beim Restaurantbesuch, auf einer Feier, im Schwimmbad, in der Fußgängerzone, im Fußballstadion … einfach überall. Das tut ihr jede Minute, jeden Tag, jede Woche, jeden Monat, jedes Jahr. Und ihr werdet sehen, die Welt um euch herum wird sich verändern."

Glauben Sie nicht auch, mit solchen konkreten Handlungsanweisungen hätten wir eine wesentlich bessere Welt als mit Sprüchen wie „Nehmt dieses österliche Licht mit nach Hause und lasst es in eure Herzen scheinen"?

Das Gehirn liebt Zahlen

Ich meine damit nicht jene Jahresendzahlen-Orgien, mit denen Firmen für gewöhnlich ihre Mitarbeiter langweilen – ich meine vielmehr Zahlen als Ersatz für Wischiwaschi-Ausdrücke. Das Gehirn verarbeitet Zahlen viel besser als allgemeine Aussagen, da sie konkreter und anschaulicher sind. Sehen Sie selbst den Unterschied in der Gegenüberstellung:

1. Version:

„Unsere Maßnahme bringt Zeitersparnis."

2. Version:

„Mit unserer Maßnahme sparen Sie jeden Tag 1 Stunde 10 Minuten ein!"

Zahlen haben auf unser Gehirn eine viel größere Wirkung als so abstrakte Worte wie „Zeitersparnis", „erfolgreich", „höherwertig" usw. Eine Zahl erlaubt eine konkrete Vorstellung und löst ein Gefühl für die Begrifflichkeit aus. Für den Ausdruck „1 Stunde 10 Minuten" haben wir ein Gefühl und ein vages Bild, für den Ausdruck „Zeitersparnis" haben wir nichts.

Ich veranstalte das teuerste Rhetorikseminar Europas[10]: fünf Säle, vier Co-Trainer, Reden auf einer Großbühne mit Headset und Scheinwerfergegenlicht und über 100 Leute (!) als bestelltes Publikum. Einige Trainerkollegen stellten dieses Seminar in ihrem Newsletter vor, und es war interessant zu beobachten, wie kleinste Textänderungen die Antwortquote auf den Artikel dramatisch beeinflussten. Zwei Trainer hatten ungefähr dieselbe Anzahl von Abonnenten, sodass man die Wirksamkeit unterschiedlicher Formulierungen aufgrund des Rücklaufs recht gut einschätzen konnte. Die Artikel waren im Großen und Ganzen identisch, unterschieden sich aber in einem kleinen Detail. Der eine Trainer schrieb in seinem Artikel: „Reden vor großen Gruppen", und es meldete sich ein (!) Interessent. Der andere Trainer schrieb: „Über 100 Statisten als bestelltes Publikum". Bei ihm meldeten sich 64 Interessenten. Schauen Sie sich die beiden Aussagen noch einmal isoliert an:

- „Reden vor großen Gruppen": ein Interessent
- „Über 100 Statisten als bestelltes Publikum": 64 Interessenten

10 „Europas teuerstes Rhetorikseminar". In: Frankfurter Allgemeine Zeitung, 5. März 2005.

Der Ausdruck „Reden vor großen Gruppen“ löst keine konkrete Vorstellung aus, während der in Zahlen gefasste Ausdruck „Über 100 Statisten als bestelltes Publikum“ eine ganz präzise Vorstellung auslöst. Damit erzeugen Sie eine Sogwirkung bei Ihren Lesern ebenso wie bei Ihren Zuhörern.

Lesen Sie einmal die folgenden Aussagen durch. Es handelt sich dabei durchweg um Zitate aus „echten“ Reden aus meinem Rhetorikseminar:

- „Wir konnten dem Verband wieder zum Erfolg verhelfen.“
- „Ich hatte eine gute Note im Diplom.“
- „Die Verringerung der Produktionszeiten bringt Kostenersparnis.“
- „Das Programmieren der Maschine geht sehr schnell.“
- „Es hatte sich eine große Menschenmenge versammelt.“
- „Wir können mit einem Umsatzzuwachs rechnen.“
- „Es waren sehr viele Teilnehmer im Seminar.“
- „Wir haben eine gut besuchte Homepage.“
- „Zur nächsten Kundenstation ist es kein langer Weg.“
- „Die Kosten für das Krankenhaus sind überteuert.“
- „Unsere Maßnahme war unheimlich erfolgreich.“
- „Die Firma hat eine gute Unternehmenskultur.“
- „Es war heiß an diesem Tag.“
- „Das Buch verkaufte sich sehr gut.“

Mit diesen Aussagen erreichen Sie ein bisschen etwas. Aber wenn Sie wissen, wie's geht, erreichen Sie viel.

Die Regel hierzu lautet:

Was immer zu beziffern ist, sollten Sie beziffern!

Zahlen sind konkret – das Gehirn liebt sie. Wann immer etwas in Zahlen ausgedrückt werden kann, sollten Sie das tun. Das ist für das Gehirn wesentlich fassbarer, denn eine Zahl kann es verarbeiten, eine allgemeine Aussage jedoch nicht. Sie erreichen Prägnanz und Anschaulichkeit, wenn Sie Dinge beziffern, die sich beziffern lassen. Aber Achtung: Gemeint sind Zahlen als Ersatz für allgemeine Aussagen. Die Jahresendzahlen-Orgien liebt das Gehirn nicht.

Versuchen Sie nun einmal zur Übung, die unbezifferten 14 Aussagen von S. 222 durch eine bezifferbare Aussage zu ersetzen.

Konkrete Zahlen sind wirksamer als Prozentzahlen

Ich habe festgestellt, dass eine prozentual angegebene Veränderung nicht dieselbe Wirkung hat wie eine konkrete Zahl. Wenn Sie sagen: „Durch uns haben Sie 30 Prozent weniger Ausgaben", ist das nur die zweitbeste Version. Es ist viel wirksamer, wenn Sie den eingesparten Eurobetrag genau beziffern. Denn für das Gehirn ist eine Prozentzahl abstrakter als ein echter Betrag.

Wenn Sie nun entgegnen, dass Sie ja die echten Zahlen des Kunden nicht kennen, sage ich: Kein Problem. Die Wirksamkeit ist die gleiche, auch wenn Sie die Zahl nur als hypothetisch angenommen verkünden. Hier die zwei Versionen im Vergleich.

1. Version:

„Durch uns haben Sie 30 Prozent weniger Ausgaben."

2. Version:

„Angenommen, Sie haben Ausgaben von 2 Millionen Euro – dann sparen Sie durch uns 600.000 Euro."

Das ist ein gigantischer Unterschied in der Wirkung. Man glaubt es nicht, wenn man's nicht gehört hat.

Führen Sie Statistik über die Erfolge Ihrer Kunden

Die Kunden, die zu mir ins Rhetorikseminar kommen oder bei mir ein Rhetorik-Coaching buchen, kommen aus allen Sparten: Darunter war einmal eine Dame, die Atemtrainings für Firmen veranstaltete; darunter war der erwähnte Inhaber einer Industriedesignfirma, der einen Umsatzzuwachs für das neu entwickelte Produktdesign garantierte; darunter war der Inhaber einer Unternehmensberatung, die sich auf Lean-Management spezialisiert hatte; darunter war der Inhaber einer Werbeagentur, der Werbekampagnen für Unternehmen gestaltete; darunter war der Geschäftsführer eines Unternehmens, das extern Events und Seminare für Firmen abwickelte; darunter war ein Heilpraktiker, der mit alternativen Heilmethoden seinen Patienten zu mehr Gesundheit verhalf. Und so weiter und so fort.

All diese Menschen haben eines gemeinsam: Sie verhelfen ihren Kunden im weitesten Sinne zum Erfolg. Dieser Erfolg ist bei allen Kunden mess- und zählbar, aber keiner dieser Unternehmer führte *systematisch* Statistik über diese Erfolge. Alles, was bei ihnen vorlag, waren Erinnerungen an durch Zufall mitbekommene Erfolge ihrer Arbeit – meistens jedoch nicht einmal in Zahlen ausgedrückt und schon gar nicht systematisch erfasst. Deshalb lautet die Regel für alle Selbstständigen, Geschäftsführer, Unternehmer und Berater:

Notieren Sie ab heute *systematisch* alle Erfolge Ihrer Kunden in bezifferbarer Form. Nehmen Sie keinen Auftrag mehr an, bei dem Sie keine Ergebniszahlen für Ihre Arbeit erfahren.

Was Sie brauchen, ist Statistik, Statistik, Statistik mit „scharfen" Zahlen – denn damit bekommen Sie doppelt so viele Aufträge wie bisher! So einfach das auch klingt, so unverständlich ist es, dass viele nicht *systematisch* Buch über ihre Erfolge führen. Keiner der oben genannten Unternehmer hatte das vorher getan – sie hörten zum ersten Mal von mir davon. Bei ihnen lief es bisher so: Der Inhaber der Werbeagentur traf zufällig ein paar Monte später seinen ehemaligen Kunden auf der Messe, und dieser erzählte ihm: „Ihre Werbekampagne damals hat uns wirklich den Durchbruch gebracht." Der Mann ist leider in Eile, entfernt sich wieder, und der Werber denkt: „Weg ist er. Schade!" Die Aussage mit dem Durchbruch ist zwar ganz nett. Aber nur, wenn er erfahren hätte, *in welchen Stückzahlen* genau sich das beworbene Produkt nach der Kampagne mehr verkauft hat, wäre diese Aussage für ihn in Zukunft verwertbar gewesen. Und erst, wenn er das systematisch bei *allen* seinen Kunden macht, besitzt er eine Statistik, aufgrund der sich seine Dienstleistung von allein verkauft.

Ich sichere mir diese Zahlen durch einen einfachen Trick: Wenn Sie bei mir einen Coaching-Termin anfragen, dann steht im Vertrag ein Passus, dass Sie sich verpflichten, mir Ihre gemittelten bezifferbaren Erfolge *vor* dem Coaching-Termin mitzuteilen und die gemittelten bezifferbaren Erfolge *nach* dem Coaching. Wenn Sie darauf nicht eingehen, steigt mein Tageshonorar um 900 Euro. Aber hören Sie selbst, wie es klingt, wenn man auf eine Statistik zurückgreifen kann:

> „Bei allen Coaching-Kunden, die mit der immer gleichen Verkaufspräsentation zu mir ins Coaching kamen, haben wir im Durchschnitt den Verkaufserfolg um 29 Prozent pro Rede steigern können. Der Rekord war eine Verfünffachung des Umsatzes."

Oder nehmen Sie folgendes Beispiel:

> „Lieber Patient, ich arbeite ausschließlich mit natürlichen Heilmethoden. Bei mir bekommen Sie keine Chemie, nur Natur. Ich hatte in meiner Karriere bisher 23 Krebspatienten. Von den 23 sind sieben gestorben, bei sechs konnte der Krebs zum Stillstand gebracht werden, und bei zehn ist der Krebs nicht mehr nachweisbar – er ist definitiv verschwunden. Das heißt: Bei 69 Prozent konnten wir den Krebs zum Stillstand oder zum Verschwinden bringen."

Das ist kein Heil-*Versprechen* – das wäre gesetzlich verboten. Aber es ist die Wahrheit, das dürften Sie sogar in Ihre Homepage schreiben. Lassen Sie auch noch folgendes Beispiel auf sich wirken:

> „Wir entwerfen für Ihr Produkt ein neues Design. Wir haben Statistik über alle unsere Kunden in den letzten fünf Jahren geführt. Wir hatten 21 Designkunden, für die wir ein neues Produktgehäuse gestaltet haben. Dabei gingen die Produktionskosten über alle 21 Kunden gemittelt um

durchschnittlich 13 Prozent nach unten. Rekord war eine Drittelung der Produktionskosten. Das heißt, es hat danach *dreimal* weniger gekostet als vorher! Der Umsatz bei diesen 21 Kunden ging mit unserem neuen Design im Durchschnitt um 23 Prozent nach oben. Der Rekord war eine Versiebenfachung des Umsatzes.“

Wenn Sie so argumentieren können, haben es Ihre Mitbewerber verdammt schwer, noch einen Auftrag zu bekommen. Mein Tipp, liebe Unternehmer, liebe Verkäufer, liebe Geschäftsführer, liebe Berater:

Nehmen Sie morgen Ihre Standardverträge zur Hand und fügen Sie einen Passus ein, der Ihre Kunden verpflichtet, Ihnen die Erfolge in bezifferbarer Form zu liefern.

Darüber müssen Sie *vorher* mit dem Kunden sprechen. Nehmen Sie keinen Auftrag mehr an, wenn diese Bedingung nicht akzeptiert wird. Und dann, nach zwei oder drei Jahren, nachdem Sie solch eine aussagekräftige Statistik angelegt haben, verkaufen Sie Ihre Dienstleistung so einfach, als ob Sie ein Monopol in Ihrer Branche hätten.

Vorteile in allen Konsequenzen ausformulieren

Nehmen wir an, Sie würden einen Vortrag über ein Produkt halten, das Frauen eine schönere Haut verschafft. Sie könnten wie 99 Prozent aller Mitbewerber auch sagen: „Mit unserer Creme bekommen Sie statistisch erwiesen eine straffere Haut.“ Man ist versucht zu denken:

Das wird die Frauen doch sicher begeistern, weil sie wahrscheinlich darauf hoffen, damit jünger auszusehen. Doch das ist ein Irrtum!

Die Regel hierzu lautet:

Ein nicht ausgesprochener Vorteil ist *kein* Vorteil.

„Mit unserer Hautcreme bekommen Sie statistisch erwiesen eine straffere Haut. Kundinnen berichten uns, dass sie nach einer Zwei-Monats-Kur bis zu fünf Jahre jünger geschätzt wurden."

Hier geben Sie über die Konsequenz konkret Auskunft, hier wurde etwas beziffert, hier steigt die Wirkung exponentiell an. Ein anderes Beispiel:

„Wenn wir keine Maßnahmen zur Rettung unserer Umsätze ergreifen, dann riskieren einige Mitarbeiter, arbeitslos zu werden."

Und so klingt es, wenn Sie die Konsequenz der Arbeitslosigkeit möglichst konkret ausformulieren:

„Wenn wir keine Maßnahmen zur Rettung unserer Umsätze ergreifen, dann sieht es für einige Mitarbeiter schlecht aus. Stellen Sie sich vor, Ihr Nachbar fragt Ihre Frau: ‚Ich sehe Ihren Mann in letzter Zeit so oft zu Hause. Hat er jetzt Urlaub?'"

Dieses konkrete Szenario als Konsequenz der Arbeitslosigkeit bohrt sich viel tiefer in die Seele als der abstrakte Ausdruck „arbeitslos".

Rechnen Sie jeden Vorteil in Geld um

In diesem Kapitel geht es um die am häufigsten anzusprechende Konsequenz eines Vorteils. Wenn Sie im Firmenumfeld präsentieren – sei es bei internen Präsentationen oder bei potenziellen Kunden –, dominiert ein Interessenschwerpunkt alle anderen. Es ist dieser hier:

€

Geld! Moneten! Zaster! Dollars! Rubel! Euros! Welches Wort Sie auch immer dafür verwenden – mit seiner Hilfe funktionieren die Entscheidungsträger der Wirtschaft am besten: Das ist ihr höchster Motivationsfaktor. Viele Präsentatoren, die irgendetwas im Firmenumfeld verkaufen wollen, machen allerdings einen Fehler: Sie sprechen von Vorteilen und Nutzen ihres Vorschlags, aber sie rechnen den Vorteil ihrer Maßnahme, den Vorteil ihres Produktes nicht in Geld um. Das sollten sie allerdings tun, wenn sie ihrem Anliegen zu größerem Erfolg verhelfen wollen.

Zum Rhetorik-Coaching kam der Inhaber einer Firma zu mir, die sich darauf spezialisiert hatte, die Einhaltung von Projektzeiten sicherzustellen. Sein Business sah so aus: Wenn beispielsweise eine Großbank mit 20.000 bis 30.000 Mitarbeitern ihr komplettes Computersystem erneuert, dann wird für diese Umstellung ein Projekt definiert. Die Erfahrung ist folgende: Man plant eine

Projektzeit von 18 Monaten, tatsächlich dauert es aber 27 Monate. Seine Firma garantiert die Einhaltung der geplanten Projektzeit. Wenn 18 Monate geplant sind, dauert es also auch nur 18 Monate. Im Vortragsentwurf des Firmeninhabers stand folgende Aussage: „Ich konnte bei einer großen Firma die Projektzeit sogar verkürzen." – „Aha, große Firma", sagte ich. „Wie hieß sie denn?" Er: „Cisco Systems." Darauf ich:

„Aha, CISCO SYSTEMS! Warum sagen Sie das nicht gleich?" Cisco Systems ist der weltweit größte Netzwerkhersteller mit über 35.000 Mitarbeitern – der unbestrittene Big Player am Markt. Mein Kunde zuckte nur verlegen lächelnd mit den Schultern.

Ich fragte weiter: „Wie lief das denn konkret ab?" Darauf er: „Wir hatten 60 Wochen geplant, 50 hat es gedauert. Zehn Wochen kürzer!" Ich fragte: „Hat Cisco Systems dadurch etwas eingespart?" Er: „Pro Woche 100.000 Dollar." Ich: „Aha, zehn Wochen kürzer, also wurden zehnmal 100.000 Dollar eingespart. Das ist ja 1 Million Dollar! Habe ich das richtig gerechnet?" Er: „Ja, genau, so war es!"

Das Problem ist: Das *war* zwar so, aber er hat es nicht *gesagt*. Und damit wirkt es auch nicht! Sehen Sie sich noch einmal die zwei Versionen in der Gegenüberstellung an.

1. Version:

> „Ich konnte bei einer großen Firma die Projektzeit sogar verkürzen."

2. Version:

> „Sie kennen Cisco Systems, den weltweit größten Netzwerkhersteller mit 35.000 Mitarbeitern? Bei ihnen konnten wir die Projektzeit von geplanten 60 Wochen auf 50 Wochen verkürzen. Cisco Systems hat dadurch 1 Million Dollar gespart."

Der Vorteil „Projektzeit verkürzen" ist im Grunde nur ein minimal wirkender Vorteil. Damit er voll wirkt, müssen Sie ihn in einen *geldwerten* Vorteil umrechnen.

Erinnern Sie sich an die Geschichte vom Beginn dieses Buches? Ich hatte eine Werbeagentur für eine Wettbewerbspräsentation gecoacht: Man wollte den Auftrag für die Erstellung einer Kundenzeitschrift in Millionenauflage gewinnen. Wir waren die einzigen Bewerber, die dem Kunden vorrechneten, welcher geldwerte Vorteil mit unserer Neugestaltung der Zeitschrift zu erwarten sei. Den Auftrag – Sie wissen es noch – haben *wir* gewonnen.

Es gibt einen Ansatzpunkt, wie Sie jeden Vorschlag, jedes Projekt, jedes Produkt intern oder extern „verkaufen" können. Der erste Trick ist: Zunächst machen Sie die Vorteile möglichst konkret. Dann der zweite Trick: Sie rechnen den Vorteil in einen geldwerten Vorteil um. Der dritte Trick ist folgende Schlussbetrachtung:

Das kostet in Euro: …
Das bringt in Euro: …

Und raten Sie … der untere Wert sollte höher sein als der obere! Wenn Sie das schaffen, dann können Sie alles verkaufen. Allerdings wagen viele Menschen nicht, mit Geld zu argumentieren. Zum einen, weil sie erst gar nicht auf diesen naheliegenden Punkt kommen, und zum anderen, weil sie denken, dass sich ihr Vorteil nicht in Geld umrechnen lässt. Aber das ist ein Irrtum: Sie können alles, na ja *fast* alles, in Geld umrechnen.

Nehmen wir einmal an, Sie wollen ein neuartiges Öl einführen, das die Laufzeit von Produktionsmaschinen verlängert. In Ihrer Präsentation sagen Sie:

„Mit dem neuen Öl erhöhen Sie die Laufzeit der Maschinen." Wenn Sie besonderen Eindruck machen wollen, blenden Sie noch eine PowerPoint-Folie ein, auf der steht: „Vorteil: längere Laufzeit der Maschinen". Sie denken: Die Geschäftsführung wird es sich schon ausrechnen, dass sie damit auch Geld sparen kann. Aber Sie können sicher sein: Sie tut es *nicht*. Das ist Ihre Aufgabe als Redner: Ein nicht ausgesprochener Vorteil ist *kein* Vorteil! Jetzt müssen Sie sich schlau machen: Wie lange hält so eine Maschine im Durchschnitt? Wie lange würde die verlängerte Laufzeit dauern? Was kostet die Maschine? Was bedeutet die verlängerte Laufleistung umgerechnet in echtem Geld? Und so könnte das dann im Vortrag aussehen:

> „Wenn Sie dieses neue Öl einsetzen, passiert Folgendes: Ihre Maschine läuft im Moment durchschnittlich viereinhalb Jahre, dann müssen Sie sie erneuern. Wenn Sie unser neues Öl einsetzen, dann läuft sie im statistischen Mittel sechs Jahre. Die Maschine kostet in der Anschaffung 220.000 Euro. Wenn Sie eine Laufdauer von viereinhalb Jahren zugrunde legen, dann kostet Sie das pro Jahr 49.000 Euro. Mit unserem Öl können Sie die Maschine eineinhalb Jahre länger betreiben. Das wäre eine Ersparnis von 73.000 Euro. Das Öl für diese Zeit kostet lächerliche 15.000 Euro mehr als das herkömmliche Öl. Sie würden 58.000 Euro verlieren, wenn Sie das Öl *nicht* einsetzen."

Da denkt sich die Geschäftsführung: „Dieses Öl muss sofort her!"

Lassen Sie zum Vergleich noch einmal die vorige Version auf sich wirken: „Mit dem neuen Öl erhöhen Sie die Laufzeit der Maschinen."

Ein Seminarteilnehmer aus Wien war Verkaufsleiter einer Bürostempelfirma. Sie stellte diese in ein Plastikgehäuse integrierte Selbstfärbestempel her, bei denen man kein extra Stempelkissen mehr braucht. Größter Konkurrent waren natürlich die Stempelhersteller, die die billigeren einfachen Stempel mit separatem Stempelkissen vertrieben. Der Verkaufsleiter hörte regelmäßig von Kunden den Einwand:

„Die anderen sind viel billiger – 30 Cent pro Stempel." Wenn eine mittelgroße Firma 8.000 Stempel bestellt, dann macht das schon einen großen Unterschied – aber er konterte mit meinem Prinzip des geldwerten Vorteils. Er sagte nicht etwa: „Bei meinen Stempeln sparen die Mitarbeiter aber Zeit", sondern er rechnete es den Kunden vor:

> „Im Gegenteil, die *anderen* sind teurer! Ich zeige Ihnen mal, wie das aussieht, wenn Ihre 250 Mitarbeiter im Büro ein Dokument mit einem Stempel versehen. (Er macht es dem Einkäufer vor.) Sie ziehen die Schublade auf und holen das Stempelkissen heraus. Dann klappen sie das Stempelkissen auf. Sie wählen den richtigen Stempel aus dem Stempelkarussell, stempeln und hängen den Stempel wieder ans Karussell. Jetzt klappen sie das Stempelkissen wieder zu und räumen es in die Schublade. Das macht zusammen zwölf Sekunden mit dem billigeren Stempel. Jetzt schauen wir uns mal an, wie das mit unserem Stempelsystem aussieht: Ich hole den Stempel vom Board, stemple und räume ihn wieder aufs Board. Zwei Sekunden gegenüber zwölf Sekunden beim billigeren Stempel! Mit dem anderen System brauchen Sie also pro gestempeltes Dokument zehn Sekunden länger. Wir haben errechnet, dass jeder Ihrer Mitarbeiter pro Tag sechs Dokumente stempelt. Das macht 20 Minuten pro Monat, die er mit dem Konkurrenzsystem länger brauchen würde. Wenn wir das auf

> die Lebensdauer unseres Stempels von vier Jahren hochrechnen, dann reden wir von einer Summe von 52 Stunden pro Mitarbeiter, die so etwas länger dauert – 52 Stunden, in denen Sie Ihre Mitarbeiter fürs Stempeln bezahlen statt fürs Arbeiten. Umgerechnet auf Ihren durchschnittlichen Stundenlohn hat sich unser Stempel innerhalb eines Monats bereits von selbst bezahlt. Wo finden Sie ein Produkt, das sich so schnell bezahlt macht?"

Lesen Sie noch einmal in der Gegenüberstellung, wie es zuvor dargestellt wurde: „Bei meinen Stempeln sparen die Mitarbeiter aber Zeit."

Ich habe bereits jene Kundin erwähnt, die für Firmen Atemtrainings veranstaltete. Sie ging in die Unternehmen und übte mit den Mitarbeitern richtiges, gesundes Atmen. Lachen Sie nicht: Fast jeder von uns atmet falsch! Und während ihres Vortrags verkündete sie triumphierend: „Atemtraining fördert die Gesundheit." Ich sagte zu ihr: „Sauber! Meinen Sie, Sie kriegen durch so eine Aussage einen Auftrag?" Sie: „Ja – es fördert doch die Gesundheit!" Damit bekommen Sie von der Geschäftsleitung höchstens ein unterdrücktes Lächeln, aber keinen Auftrag. Sie müssen dem Firmeninhaber *mit Geld* klarmachen, was Gesundheit für seine Firma bedeutet – dann sieht die Sache schon anders aus. Also strickten wir die Passage um und formulierten sie so:

> „Ich habe mir von Ihrer Personalabteilung Ihre Krankheitsstatistiken besorgt. Bei Ihnen ist jeder Mitarbeiter durchschnittlich 14,5 Tage pro Jahr krank. In der letzten Firma, in der ich war, lief das Atemtraining über vier Monate, sodass die Mitarbeiter das neue Atmen auch wirklich verinnerlichen konnten. Ihre Gesundheit hat sich währenddessen merklich verbessert. Das konnten wir am Krankenstand ablesen. Am Ende des Jahres waren es 34

> Prozent weniger Krankentage. Wenn ich das auf Ihre Firma übertrage, dann würde das bedeuten, dass Sie jeden Mitarbeiter fast fünf Tage länger hier in der Firma haben. Seien wir aber zurückhaltend und rechnen nur mit vier Tagen. Ein Mitarbeiter kostet Sie durchschnittlich 280 Euro pro Tag – hochgerechnet auf Ihre 120 Mitarbeiter macht das eine Summe von 134.000 Euro zusätzliche Arbeitsleistung … *jedes Jahr.* Für mein Atemtraining bezahlen Sie aber nur 22.000 Euro … *einmalig*!"

Und hier nochmals der Nutzen, wie er vorher klang: „Atemtraining fördert die Gesundheit."

Die Kunst besteht darin, selbst abstrakte Vorteile in einen geldwerten Vorteil umzurechnen, auch wenn es manchmal schwierig erscheint.

Wenn Sie einen Vorteil zu bieten haben – wie längere Maschinenlaufzeiten, Produktionszeitverringerung, Reduzierung der Krankheitstage, kürzere Entwicklungszeiten … oder was auch immer –, dann reicht die bloße Erwähnung dieser Wörter nicht, um zu überzeugen. Wenn Sie Ihrem Gegenüber aber die Konsequenzen in Heller und Pfennig vorrechnen, dann haben Sie die Katze fast immer im Sack!

Lassen Sie das Publikum aktiv werden

Gute Rhetorik braucht vor allem eine Eigenschaft: MUT. Auch das Stilmittel, das ich Ihnen im Folgenden vorstelle, erfordert Mut – Ihr Vorteil ist, dass kaum jemand es anzuwenden wagt. Damit gehören Sie, falls Sie es doch tun, allein dadurch schon zu einer auserlesenen Rhetorik-Elite. Je größer Ihr Publikum ist, desto besser ist dieses Stilmittel einsetzbar. Der Trick besteht darin:

Lassen Sie das Publikum etwas aktiv tun.

Das Publikum tut etwas auf Ihr Geheiß und bekommt damit den Eindruck, durch Sie, den Redner, etwas *erlebt* zu haben. Ein nicht zu vernachlässigender psychologischer Effekt geht damit einher: In der unterbewussten Wahrnehmung steht jemand vorn, der „ansagt", und ich als Teilnehmer der Gruppe „tue" etwas. Hier greift das altbekannte Lehrer-Schüler-Programm. Sie werden als derjenige wahrgenommen, der sagt, was zu tun ist, und damit avancieren Sie automatisch zum Meinungsführer. Der zweite psychologische Effekt ist, dass Sie das Publikum bewegen – und zwar im doppelten Sinne: Wenn Sie das Publikum *bewegen*, ist es auch von Ihren Ausführungen *bewegt*. Stellen Sie sich folgende Redepassage vor:

> „Bitte machen Sie alle mit! Führen Sie Ihre Hände im Abstand von etwa einem Meter auseinander und ballen Sie

eine Faust. (Sie machen es vor.) Jetzt pressen Sie die Fäuste vor Ihrem Brustkorb zusammen. Schauen Sie sich nun von oben Ihre Hände an. (Kunstpause.)
Was Sie da sehen, entspricht ungefähr der Größe und Anlage Ihres Gehirns … Na ja, wenn Sie große Hände haben … dann ist es natürlich etwas weniger!"[11]

Das Publikum sitzt nun da, schmunzelt und hat brav getan, was Sie angewiesen hatten. Sie sagen: „Sie können die Hände wieder auseinandernehmen." Und selbst diese Anweisung ist gut, weil Sie damit wieder Ihre Funktion als „Befehlsgeber" dokumentiert haben.

Kehren wir zu der Kieferorthopädin zurück, die wir schon kennen. Wie Sie wissen, behandeln Kieferorthopäden Patienten mit Fehlstellungen der Zähne. Wir erarbeiteten zusammen eine für sie wichtige Rede, mit der sie eine Gruppe von ca. 75 Zahnärzten überzeugen wollte, Kinder mit Zahnfehlstellung in Zukunft zu ihr zu schicken. Die Kundin betreibt eine Praxis für *ganzheitliche* Kieferorthopädie. Das Problem der meisten Kieferorthopäden, so sagte sie mir, ist, dass sie am Phänomen herumdoktern. Sie aber hatte sich die Frage gestellt: Was ist *Ursache* des Phänomens? Und sie hatte erstaunliche Antworten gefunden.

Sie kam wie fast alle meine Coaching-Kunden mit PowerPoint-Folien an. Auf diesen Folien war mit medizinischen Schaubildern und entsprechenden Beitexten erklärt, worin die wirkliche Ursache für die Zahnfehlstellung liegt. Zu sehen waren ein anatomischer Querschnitt des Kopfes, beschriftete Bilder aus Medizinbüchern und Schautafeln, auf denen man bei genauem Hinsehen irgendwelche Details erkennen konnte. Ich spürte: So

11 Einem Vortrag von Vera F. Birkenbihl entnommen.

beeindruckt man niemanden. Von PowerPoint trennten wir uns daher bis auf ein paar Fotofolien komplett und bauten in den Vortrag Aktivdemonstrationen wie folgt ein:

> „Ich bitte Sie nun alle mitzumachen. Atmen Sie einmal durch die Nase. (Sie lässt etwa 70 Zahnärzte fünf bis sechs Mal ein- und ausatmen.) Konzentrieren Sie sich jetzt bitte darauf, wo Ihre Zunge liegt. Jetzt öffnen Sie den Mund und atmen nur durch den Mund. (Wieder lässt sie das Publikum fünf bis sechs Züge ein- und ausatmen.) Konzentrieren Sie sich einmal darauf, wo Ihre Zungenspitze jetzt liegt! Spüren Sie, wie die Zunge die vorderen Zähne berührt? Das ist genau die Situation, die diese Kinder erleben. Die Mehrzahl der Kinder, die wegen einer Zahnfehlstellung zu mir kommen, hat eine verstopfte Nase und muss durch den Mund atmen. Dadurch drückt die Zunge permanent leicht gegen die untere Zahnreihe. Stunde für Stunde, Tag für Tag, Monat für Monat, Jahr für Jahr. Langsam *verschiebt* sich die Zahnreihe. Sie können noch so viel an den Zähnen korrigieren, es passiert immer wieder. Aber da ist noch ein Sekundärphänomen: Die Zahnreihe weicht nach rechts, nach links, nach vorn aus, wie es gerade passt. Führen Sie nun bitte einmal Ihre Hände vorn an die Ohrmuschel. (Sie macht es vor.) Und jetzt verschieben Sie den Unterkiefer nach links und rechts und fühlen den Punkt, an dem die größte Veränderung feststellbar ist. (70 Zahnärzte greifen sich an den Kiefer.) Schieben Sie den Kiefer nach links. Fühlen Sie es? Auf der einen Seite ist der Muskel angespannt und auf der anderen locker. Und das Stunde für Stunde, Tag für Tag, Monat für Monat, Jahr für Jahr. Der Muskel auf der einen Seite ist dauernd angespannt und der andere auf der gegenüberliegenden Seite dauernd unterfordert. Der Körper versucht das auszugleichen über die Muskeln, die am Hals entlang liegen. Und bei fast allen Kindern, die zu mir kommen, lässt sich eine schräge Körperhaltung feststellen. Die eine Schulter wird

verschoben und hängt. Stehen Sie nun bitte alle auf. (Alle im Saal erheben sich.) Halten Sie bitte eine Schulter tiefer als die andere. Und jetzt schauen Sie sich Ihren Nachbarn links und rechts an. Achten Sie auf die Wirbelsäule … sie ist deformiert. Und das Stunde für Stunde, Tag für Tag, Monat für Monat, Jahr für Jahr. Sie dürfen sich wieder setzen. (Alles setzt sich wieder.) Die Kinder, die in meine Praxis kommen, sehen *so* aus. Ich habe ein Foto von einem Kind hier, das kommt, um seine Zähne korrigieren zu lassen – aber das ganze Phänomen ist *das*!" (Sie knipst ein Foto von einem Kind mit einer deformierten Wirbelsäule an.)

Ermessen Sie einmal den Effekt, den die Zahnärzte erleben, wenn sie all dies an ihrem eigenen Körper erfahren – und dann schätzen Sie einmal im Vergleich dazu den Effekt ab, wenn ihnen dasselbe auf den beschrifteten Schemazeichnungen einer Folie gezeigt wird. Wenn Sie Ihr Publikum aktiv werden lassen, dann erzielen Sie echte Betroffenheit. Ein PowerPoint-Chart kann lediglich den zehnten Teil dieser Wirkung erzeugen. PowerPoint *verhindert* Wirkung! Hier einige Redebeispiele, in denen Sie das Publikum etwas aktiv tun lassen. Achten Sie auf die Betroffenheit, die Sie damit auslösen:

- „Legen Sie bitte alle Ihren Arm auf den Rücken und lassen Sie ihn dort. Und nun versuchen Sie allein Ihren Schuh zuzubinden. (Lassen Sie es das Publikum tun.) Das, was Sie jetzt erlebt haben, ist die alltägliche Situation eines Armamputierten."

Damit machen Sie fühlbar, wie sich das alltägliche Leben eines Behinderten in Ihrer Firma für ihn darstellt.

- „Schreiben Sie nun auf ein Blatt Papier Ihre schwereren Unfälle und Ihre schwereren Krankheiten, die Sie bis jetzt hatten. (Sie warten, bis alle damit fertig sind.) Angenommen, Sie hätten vor 200 Jahren gelebt – also um 1810 herum – und Sie hätten *damals* diese Krankheiten und Unfälle gehabt. Wer von Ihnen würde heute nicht mehr leben? Hand hoch!"

Mit dieser Demonstration machen Sie fühlbar, welcher medizinische Fortschritt in den letzten 200 Jahren statt gefunden hat.

- (Der Redner hält seinen Arm im 90-Grad-Winkel vom Körper weg. Er gibt eine Anweisung:) „Halten Sie bitte alle einmal Ihren Arm senkrecht nach oben. (Alle folgen seinem Beispiel und halten den Arm 90 Grad abgewinkelt.) Liebe Führungskräfte: Ich *sagte*, Sie sollen den Arm *senkrecht nach oben* halten. Sie alle haben, wie ich, den Arm waagrecht vom Körper gehalten. (Pause) Die Leute tun nicht das, was Sie *sagen*, sondern das, was Sie als Vorbild vorleben. Sie als Führungskräfte müssen das, was Sie Ihren Leuten predigen, auch selbst vorleben, denn auch Ihre Untergebenen orientieren sich nicht an dem, was Sie sagen, sondern an dem, was Sie tun!"

Mut zum Themenwechsel

Im Mai 2004 wurde der damalige deutsche Außenminister Joschka Fischer in Zürich für seine Leistungen mit dem Gottlieb-Duttweiler-Preis ausgezeichnet. Joschka Fischer hielt zu diesem Anlass eine Rede vor rund 800 geladenen Gästen in einem eigens dafür aufgebauten Festzelt. Zunächst sagte er drei Sätze zum Duttweiler-Institut und dessen Gründer Gottlieb Duttweiler, der noch ein Unternehmer von Schrot und Korn gewesen sei und von dessen Schlag man in unserer Zeit des Shareholder-Value nicht mehr viele finde. Doch dann fuhr Fischer fort: „Gute Unternehmer und gute Politik brauchen Ideen und Visionen. Dazu gehört auch die Mühsal der Umsetzung einer großen Idee unter den Bedingungen des Marktes oder der Demokratie. Eine solche große Idee ist Europa …" Und im Rest seiner Rede sprach er dann ausschließlich über sein persönliches Herzensthema – die Zukunft Europas.

Stellen Sie sich vor, Sie werden zu einem Kongress eingeladen und sollen dort ein halbstündiges Referat halten. Sie nehmen die Einladung an. Beim näheren Blick auf das von Ihnen geforderte Redethema erkennen Sie aber: Dazu habe ich eigentlich nichts zu sagen, dafür bin ich gar nicht der richtige Spezialist. Sie wissen, dass man von Ihnen eine gute Rede erwartet – aber nichts ist peinlicher als ein zusammenhangloses Gestammel zu einem nicht verinnerlichten Thema. Bei Ihrem Herzensthema sind Sie ein Zwölf-Zylinder-Sportwagen, der durchstartet, aber wenn Sie zum Fremdthema referieren, dann läuft ihr Motor nur auf vier Zylindern. Der bleibende Eindruck des Publikums von Ihnen ist aber, dass Sie nur ein Vier-

Zylinder-Auto *sind*. Das schadet Ihrem Ansehen. So können Sie damit in Zukunft besser umgehen:

> Beginnen Sie mit dem Ihnen gestellten Thema, leiten Sie mit ein paar Brückensätzen zu Ihrem Herzensthema über und reden Sie ab dann nur noch von Ihrem Herzensthema.

Und alle werden begeistert sein! Nun mögen Sie einwenden, dass dieses Herzensthema sehr wahrscheinlich gar nicht zur Debatte steht. Hier gibt es einen Grundsatz:

> Es gibt keine Themaverfehlung im wahren Leben – eine Themaverfehlung gibt es nur in der Schule!

Das Publikum will nicht, dass Sie das Thema wie vorgeschrieben abhandeln, das Publikum will, dass Sie es berühren, dass Sie bei ihm etwas bewegen, dass Sie es begeistern. Joschka Fischer wurde auch nicht gefragt, was Europa mit dem Anlass der Preisverleihung zu tun hatte. Im Gegenteil: Fischer bekam anhaltenden Applaus und wohlwollende Artikel in jeder Schweizer Zeitung!

Ich coache einen Exponenten einer bekannten karitativen Organisation, der häufig Spendenschecks überreicht werden. Als man ein Prominenten-Fußballturnier veranstaltete, dessen Erlös der Stiftung zugute kommen sollte, lud man diese Person ein, dort eine kleine Rede zu halten. In der Vorbereitung sagte sie mir: „Über Fußball weiß ich so wenig. Was soll ich dazu sagen?“ Ich erwiderte: „Sie müssen gar nichts dazu sagen. Es interessiert keinen, und keiner erwartet von Ihnen eine wissenschaftliche Abhandlung darüber." Ich gab ihr den Tipp, den ich auch Ihnen gegeben habe: Fangen Sie an, über das vorgegebene Thema zu sprechen, und leiten Sie dann elegant zu einem Thema über, das eine Herzensangelegenheit von Ihnen ist. Bei der Schecküberreichung klang das so:

> „Fußball ist in Österreich der Nationalsport schlechthin. Man sieht das an diesem Stadion. 15.000 bis 20.000 Menschen sind hierhergekommen, um ein Fußballspiel zu sehen… Bei uns in Äthiopien kennt man auch Fußball. Aber Fußball rangiert dort weit abgeschlagen hinter anderen Sportarten, die bei uns populärer sind. Die beliebteste Sportart in Äthiopien ist der Marathon. Wissen Sie warum? In Äthiopien wird viel gelaufen. In Äthiopien *müssen* die Menschen viel laufen. Zum Überleben! Nehmen Sie zum Beispiel eine Bäuerin aus dem Merhabete-Gebiet. Wenn sie am Morgen losläuft, dann hat sie ein Gepäckstück auf dem Rücken. Das ist ein Behälter, mit dem sie barfuß zwei Stunden über einen steinigen Weg läuft. In sengender Sonne. Ziel ist ein Wasserloch. Von dort holt sie Wasser für die ganze Familie. Aus diesem Wasserloch haben schon Tiere getrunken, darin ist schon Wäsche gewaschen worden. Anschließend läuft sie zwei Stunden mit einer schmutzigen braunen Brühe wieder zurück: der Tagesration Wasser für die ganze Familie. Unsere Organisation baut Brunnen für diese Menschen. Wenn ein Brunnen in so ein Dorf kommt…"

Ab diesem Moment redete Sie nur noch von Ihren Projekten. Das ist es, was die Menschen hören wollen – und nicht eine Geschichte über Fußball. Sie haben die Wahl: eine gute Rede zu halten über etwas, das Ihnen wichtig ist und bei dem Sie brillieren können – oder sich zu blamieren über etwas, wovon Sie wenig Ahnung haben, das Ihnen aber als Thema vorgegeben wurde. Das erschreckendste Beispiel hat mir hierzu ein Seminarteilnehmer erzählt: Er hatte erlebt, wie ein Redner ausgebuht wurde. Und nicht einmal, weil das Publikum inhaltlich anderer Meinung war, sondern weil er seine Rede schlecht präsentierte! Er tat genau das, wovor ich Sie warnen möchte: Man hatte ihn genötigt, eine Rede zu einem Thema zu halten, über das er nichts wusste. Schicksalsergeben und panisch hatte er allerlei Bücher dazu gekauft, aber als er mit der Lektüre begann, bemerkte er: Das schaffe ich in der kurzen Zeit nicht. Also kopierte er kurzerhand die Inhaltsverzeichnisse dieser Bücher auf Folie, legte sie auf und erzählte zu jedem Buch etwas über diese Inhaltsübersicht. Das ist ein abschreckendes Beispiel für das, was passieren kann, wenn man sich verpflichtet fühlt, über etwas zu sprechen, wovon man keine Ahnung hat oder von dem man innerlich nicht bewegt ist.

Folgende drei Punkte sollten Sie beachten, wenn Sie zu Ihrem Herzensthema überleiten:

1. Wechseln Sie nicht zu abrupt zu Ihrem Thema über: „Apropos Fußball, dazu fällt mir Äthiopien ein. Das ist ja auch ein wichtiges Thema." Das ist eine zu abrupte Überleitung. Berühren Sie zunächst Ihr Zielthema, schwenken Sie zwei-, dreimal hin und her und lösen Sie sich dann vom „offiziellen" Thema, um bei Ihrem Herzensthema zu bleiben.
2. Lassen Sie das alte Thema endgültig los. Versuchen Sie nicht, es später immer wieder in Ihrer Rede unterzubringen. Das würde dann in etwa so klingen:

> „Wenn sie am Morgen in Äthiopien losläuft, dann hat sie ein Gepäckstück auf dem Rücken. Das ist ein Behälter, mit dem sie barfuß zwei Stunden über einen steinigen Weg läuft. Nicht zu vergleichen mit jemanden, der mit gepolsterte Fußballschuhen wie hier über den Rasen läuft …"

Das wirkt gewollt und unprofessionell. Sobald Sie ganz bei Ihrem Herzensthema angekommen sind, bleiben Sie dort.

3. Greifen Sie aber im Schlusssatz Ihr Ursprungsthema wieder auf. Das wirkt sehr elegant.

„Ich bedanke mich im Namen aller Menschen in Äthiopien, die durch Ihre Spende in der Lage sind, ein menschenwürdigeres Leben zu führen. Das trägt zur Völkerverständigung bei – ebenso, wie auch Fußball zur Verständigung unter den Menschen beiträgt. Danke."

So sollte die Überleitung vom gestellten Thema zum Herzensthema aussehen:

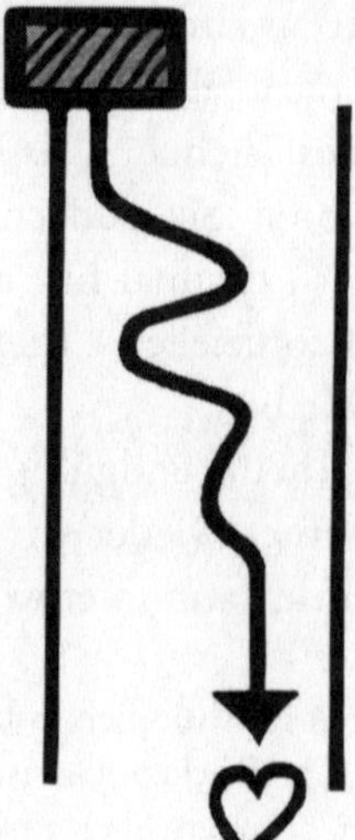

V-G-Z: Die schnellste Methode, eine Rede zu entwickeln

Je höher Sie die Karriereleiter hinaufklettern, umso öfter wird man Sie spontan bitten, zu irgendeinem Anlass öffentlich zu reden. Eine neue Abteilung wird eröffnet oder Sie sitzen als Gast im Zuschauerraum und werden überraschend gefragt: „Ach, Herr Schulz, könnten Sie ein paar Worte sagen?" Dasselbe kann Ihnen bei der Eröffnung einer neuen Filiale, bei einem Firmenjubiläum oder bei einer Hochzeit passieren.

Es gib einen roten Faden, wie Sie solch eine Rede unvorbereitet aus dem Ärmel schütteln können. Sie holen damit zwar rhetorisch nicht die Sterne vom Himmel, aber dank dieses roten Fadens haben Sie immer eine Rede parat, bei der das Publikum anerkennend nicken und sagen wird: „*Schön* hat er geredet!" Man wird denken, Sie waren vorbereitet – auch wenn Sie es gar nicht waren. Diesen roten Faden können Sie natürlich auch für eine vorbereitete Rede benutzen. Es handelt sich um eine Methode zur schnellen Entwicklung einer guten Rede, der das Schema V-G-Z zugrunde liegt. Das heißt im Klartext:

Vergangenheit – Gegenwart – Zukunft.

Gleichgültig, welches Redethema Ihnen zugewiesen wird, Sie gehen mit dem Fokus heran: Ich spreche zuerst darüber, was zu diesem Thema in der Vergangenheit passiert ist. Darüber können Sie im Normalfall endlos reden: Alles hat sich irgendwie entwickelt, alles kam irgendwoher, bei allem wurden erfolgreiche und erfolglose Versuche gemacht. Sie kramen einfach in Ihrem Gedächtnis, was Ihnen Ihre Festplatte zu diesem Thema zur Verfügung stellt. Wenn Sie die Vergangenheit ausreichend abgehandelt haben, schwenken Sie in die Gegenwart. Wo stehen wir heute? Sie erzählen über die Funktionsweise heute, die Problematik heute, die Gegebenheiten heute, die Marktlage heute … oder was immer Ihnen dazu in den Sinn kommt. Am Ende geben Sie einen Ausblick in die Zukunft: Wo wollen wir hin, was gibt es noch zu tun, welche Pläne haben wir, welche Visionen, welche Wünsche? Was die Rededauer betrifft, sollten Sie es so halten: 85 Prozent der Rede erstrecken sich auf die Vergangenheit (denn darüber lässt sich am meisten sagen), 10 Prozent auf die Gegenwart und 5 Prozent auf die Zukunft.

Nehmen wir an, Sie sind bei der Eröffnung einer neuen Lagerhalle Ihrer Firma zufällig anwesend, und man bittet Sie spontan um einen Redebeitrag.

Vergangenheit:

> „Unsere Firma wurde 1976 gegründet. Damals hatte der Gründer, Herr Gerber, die Idee, eine neue Erfindung in EKG-Geräte einzubauen: den Mikroprozessor! Das war ein absolutes Novum, bis dahin gab es das nicht. Die ersten Geräte baute er noch in seiner Wohnung zusammen und flog mit ihnen im Gepäck zur Medizinalmesse nach Chicago. Da er keine Genehmigung vom Zoll hatte, schmuggelte er sie heimlich ins Land. Auf der Messe rissen ihm die Ärzte die Geräte fast aus der Hand – schon am ersten Vormittag waren alle verkauft. Er kam mit einer Bestellung von 65 Geräten nach Hause zurück …“

Anschließend erzählen Sie einfach alle Geschichten aus der Vergangenheit, die Ihnen einfallen. Dann leiten Sie über zur

Gegenwart:

> „Heute sind wir hier, um die neue Lagerhalle einzuweihen – jene neue Halle, von der wir schon so lange geträumt und die wir so lange geplant haben. Die Halle kostete uns einiges, aber sie ist eine Investition, die dringend notwendig war. Hier werden unsere neuen Lungenvolumenmessgeräte gelagert…"

Anschließend erzählen Sie etwas über die Halle und leiten über zur

Zukunft:

> „Wir möchten da, wo wir heute stehen, nicht stehen bleiben. Diese Halle wird als Zentrallager für alle unsere Geräte dienen, denn wir wollen noch etliche neue Niederlassungen gründen. In jeder großen Stadt Deutschlands werden wir irgendwann eine Niederlassung haben. Das nächste Projekt, das ansteht, ist Düsseldorf. Dort werden wir Ende des Monats die neue Niederlassung gründen. In zwei Jahren ist München an der Reihe. Dort sehen wir uns schon nach einem Bauplatz um. Sie sehen – mit unserer Firma geht es aufwärts. Ich danke Ihnen für Ihre wertvolle Mitarbeit und wünsche Ihnen und unserer Firma eine weiterhin erfolgreiche Zukunft."

Es ist wirklich ganz einfach – Sie müssen es eben nur ein paar Mal geübt haben. Deshalb hier eine Aufgabe für Sie. Entwickeln Sie spontan zu den folgenden drei Themen eine Rede nach dem V-G-Z-Schema:

- Geburtstag des Firmeninhabers
- Gewinn eines Großauftrags
- Zehnjähriges Firmenjubiläum eines Mitarbeiters

Kurztipps

Überleitung zum nächsten Thema

Wie gestaltet man in der modernen Rhetorik die Überleitung von einem zum anderen Thema? Gar nicht! Sie legen lediglich eine Pause ein, in der Sie schweigend ins Publikum blicken. Denken Sie an die „Tagesschau" im Fernsehen. Ein Thema ist abgehandelt, und ohne jegliche Überleitung wird mit einem neuen Thema angefangen. Genauso machen Sie es auch in der Rhetorik.

Das härteste Rhetorikseminar Europas

Stellen Sie sich vor, Sie müssten morgen eine Rede auf einer Großbühne vor über 100 Leuten halten! Würden Sie für diese Aufgabe auch noch 6.000 Euro bezahlen? Bei mir müssen Sie das tun! Jeweils zweimal pro Jahr veranstalten wir in München ein Rhetorikseminar der Superlative. Wir haben dazu fünf Säle angemietet, vier Co-Trainer gebucht und – jetzt kommt's … über 100 Menschen engagiert, die nur zu dem Zweck anwesend sind, um bei den Teilnehmern eine echte, reale Bedrohung auszulösen. Menschen, die vor so großen Gruppen sprechen wollen, hatten bisher nirgendwo eine Möglichkeit, dies zu trainieren. Jetzt ist sie da. Bei diesem Seminar blicken Sie nicht in wohlgesinnte Gesichter, die Ihnen nach einem halben Seminartag schon vertraut sind, sondern in eine Menschenmenge, die die Teilnehmer an Echtbedingungen gewöhnt.

In diesem Seminar wird richtiggehend Trommelfeuer geredet: Mindestens 17 Vorträge werden gehalten! Das ist Hardcore-Training. Wir bringen die Teilnehmer zum Schwitzen, aber eines ist garantiert: Danach können sie's![12]

Die Eröffnung einer Rede

Die meisten Redner langweilen zu Beginn mit unwichtigen Einleitungen und Hintergrundinformationen, die niemanden interessieren: „Mein Name ist Christian Geiger, ich arbeite im Bereich Training…" Wenn Coaching-Kunden zur Vorbereitung einer Präsentation zu mir kommen, lasse ich mir die Präsentation vortragen und höre nur auf meinen Bauch. Sobald der Redner das erste Mal irgendetwas erwähnt, das mir spannend erscheint, merke ich mir diesen Satz. Dann gehe ich hin und streiche ersatzlos alles, was er zuvor gesagt hat. Dieser Satz wird so zum Einstiegssatz, der es in sich hat. Das ist moderne Rhetorik! Damit fallen automatisch alle Begrüßungsformeln weg, alle Übersichten, worüber gesprochen werden soll, alle administrativen Ankündigungen, alle historischen Abrisse, alle Firmenvorstellungen und alle Selbstvorstellungen des Redners. Mein Tipp:[13]

12 Nähere Informationen dazu finden Sie unter www.rhetorik-seminar.ch

13 Wie Sie systematisch eine Eröffnung gestalten, die die Leute vom Stuhl reißt, erfahren Sie in meinem Buch *Vergessen Sie alles über Rhetorik*, mvg ^{2}2006.

Halten Sie vor einer Person Ihres Vertrauens, ohne sie zuvor einzuweihen, Ihren Vortrag, so wie Sie ihn geplant haben. Ihr Vertrauter soll sich nur notieren, an welchem Punkt er plötzlich aufhorcht! Diesen Satz machen Sie anschließend zu Ihrem Einstiegssatz. So kommen Sie zu Pöhm'schen Eröffnungen!

Akquise-Präsentationen

Firmenvorstellung bei Wettbewerbspräsentationen

Wenn Sie eine Akquise-Präsentation halten und sich mit mehreren Firmen um einen Auftrag bewerben, steht am Anfang stets die obligatorische Firmenvorstellung. Meine Erfahrung geht dahin, dass man sie meist auf 40 Prozent des ursprünglich Vorgesehenen zusammenstreichen kann.

Machen Sie denselben Test wie mit der oben erwähnten Eröffnung einer Rede. Präsentieren Sie einer neutralen Person Ihre Firmenvorstellung – sie soll wieder notieren, bei welcher Information sie plötzlich neugierig wurde und wo sie interessiert zugehört hat. Nur diese Informationen belassen Sie in der Rede. Auf den Rest können Sie gut und gern verzichten.

Der beste Redner soll reden

Lassen Sie nicht den hierarchisch zuständigen Mitarbeiter und auch nicht den besten Fachmann präsentieren, sondern den besten *Redner*! Sie können die anderen beiden ruhig als Beisitzer für etwaige Fragen mitnehmen; es ist Ihrem Anliegen jedoch mehr gedient, wenn jemand präsentiert, der sein Handwerk auch beherrscht. Diese Aufgabe können Sie natürlich auch einem Profi übertragen – eine Idee, die sich offenbar noch nicht herumgesprochen hat.

Wie man mit Prozentzahlen größere Wirkung erzielt

Wenn Sie von Kosteneinsparungen sprechen, die 50 Prozent übersteigen, sollten Sie eine andere Maßangabe benutzen, denn so erzielen Sie wesentlich mehr Wirkung. Reden Sie statt von Prozent lieber nur noch von Faktoren. Sagen Sie nicht mehr: „Wir produzieren für 25 Prozent der Kosten", sondern lieber: „Wir produzieren für viermal weniger Kosten." Oder: „Für dieselben Kosten können wir viermal mehr Ware produzieren."

Aber auch bei Preisreduktionen, die unter 50 Prozent liegen, wirkt die umgekehrte Betrachtungsweise besser. Lassen Sie mich diesen Sachverhalt am Beispiel eines Wurstmaschinenproduzenten aus meinem Seminar veranschaulichen:

- Vorher: „Diese Maschine bringt 30 Prozent weniger Schnittverlust." Damit die Aussage besser einschlug, betrachtete er einfach den Faktor, der dazugewonnen werden musste, um wieder auf 100 Prozent zu kommen. Und das klang so:
- Danach: „Durch unsere Maschine bekommen Sie 43 Prozent mehr Schnitt*gewinn.*"

Sagen Sie nicht: „Sie bekommen dieselbe Rente, sparen aber 90 Prozent der Beiträge", sondern: „Mit denselben

Rentenbeiträgen bekommen Sie zehnmal so viel Rente." Sagen Sie nicht: „Der Selengehalt im Gemüse ist gegenüber 1985 um 92 Prozent zurückgegangen", sondern: „1985 war der Selengehalt zwölfmal so hoch wie heute." Sagen Sie nicht: „Wir senken die Kosten um 60 Prozent", sondern: „Für denselben Preis bekommen Sie zweieinhalbmal so viel Ware." Sagen Sie nicht: „Die Aktie der Konkurrenz ist um 32 Prozent gefallen", sondern: „Die Aktie der Konkurrenz muss 47 Prozent zulegen, um wieder auf den alten Stand zu kommen."

Overheadprojektoren

Ich finde den Overheadprojektor im Vergleich zu PowerPoint und Beamer immer noch wesentlich besser. Denn an diesem Gerät kann ein Mensch noch *agieren*, er kann etwas hinschreiben – es fließt noch Energie.

Wenn Sie beim Overheadprojektor ein Bild mit einem Paukenschlag zeitgleich zu Ihrem gesprochenen Text anknipsen wollen, dann konnten Sie das bis vor etwa fünf Jahren problemlos bei allen Overheadprojektoren tun. Mittlerweile gibt es aber die neuen Metalldampfprojektoren, die gemäß Werbung „wesentlich lichtintensiver" sind als die herkömmlichen Projektoren. Das Problem ist: Die bessere Lichtintensität bemerkt niemand im Publikum, aber diese neumodischen Gerätschaften brauchen zwischen fünf und zehn Sekunden, bis sie ihre volle Lichtstärke erreicht haben – das bemerkt jeder! Stellen Sie sich vor, Sie sagen bei der Präsentation mit ausgeschaltetem Projektor:

> „Der neue Motor, den wir erschaffen haben, hat ein Design, als ob er direkt aus dem Krieg der Sterne käme. Hier ist er." (Klick)

Aber zunächst sehen Sie einmal erst gar nichts! Ein trüber, kaum erkennbarer Lichtfleck wandelt sich langsam von Dunkelhell nach Viertelhell. Zählen Sie gedanklich von zehn rückwärts bis null, um zu ermessen, wie lange es braucht, bis das Bild einigermaßen erkennbar wird.

So etwas wirkt derart amateurhaft und spannungstötend, dass unsere Verträge mit Seminarhotels immer einen Absatz enthalten, dass uns die alten Overheadprojektoren mit Halogenlampen zur Verfügung gestellt werden. Bei diesen Projektoren drücken Sie auf die Taste, und schwupps – das Licht ist sofort in voller Helligkeit da. Achten auch Sie darauf, wenn Sie einen Overheadprojektor bestellen.

Vergessen Sie alles über Rhetorik

Mein erstes Rhetorikbuch – *Vergessen Sie alles über Rhetorik* – erschien im Oktober 2001. Zu Ihrer Orientierung sei hier kurz aufgeführt, was dort abgehandelt ist und hier nicht.

- *Jubiläumsreden:* Dieser von mir entwickelte rote Faden zeigt Ihnen, wie Sie eine Jubiläumsrede gestalten, die den Jubilar wirklich *berührt.*
- *Handlungsenergie aufbauen und kanalisieren:* So stellen Sie es an, dass Sie das Publikum mit einer Rede auch wirklich zum sofortigen Handeln bringen.
- *Rhetorische Wirkfragen:* Es gibt rhetorische Fragen, die hochgradig wirken, und andere, die eher Langeweile

verströmen. Sie erfahren, wie Sie die beiden voneinander unterscheiden und wie Sie mit Leichtigkeit solche rhetorischen Wirkfragen finden können.

- *Anaphora:* Ein weiteres Stilmittel der Highlight-Rhetorik. John F. Kennedy, William Shakespeare und Martin Luther King haben damit Menschen beeinflusst. Das können Sie auch, ich erkläre Ihnen, wie es funktioniert.
- *Meinungsführer:* Welches sind die Stilmittel, die Sie in der Wahrnehmung der Zuschauer als Meinungsführer etablieren – also denjenigen, dem man einfach folgen *will?*
- *Körpersprache:* Was müssen Sie bei der Körpersprache beachten, damit Sie das Publikum als selbstbewusst wahrnimmt?
- *Gesten:* Wie entwickeln Sie eine authentische Gestik?
- *So verkaufen Sie Zahlen:* Mit diesem Trick treiben Sie jede beliebige Zahl (Umsatzzahlen, Gewinn, Mitarbeiterzahl, Produktionszeiten, Gehälter usw.) in der Wahrnehmung der Zuhörer nach oben oder nach unten – wie es Ihnen beliebt.
- *Überzeugung:* Wie entsteht bei den Zuhörern das Gefühl, überzeugt zu sein? Die fünf Elemente, wie Sie Überzeugung auslösen können.
- *Eröffnung der Rede:* Die vier Punkte, mit denen 90 Prozent aller Redner starten, die Sie aber vermeiden sollen. Wie können Sie eine Rede beginnen, die die Menschen vom Stuhl reißt?
- *Nervosität:* Lernen Sie die erprobten Methoden der Schauspieler, wie sich Nervosität in den Griff bekommen lässt.

- *Die Simulgan-Technik:* Mit dieser von mir entwickelten Technik können Sie Ihren Wortschatz *ohne zusätzlichen Zeitaufwand* dramatisch erweitern.
- *Hand-Hoch Abstimmung:* Ein wichtiges Stilelement, wie Sie Neugier erzeugen und zum Meinungsführer werden.
- *Political correctness:* Was ist political correct und warum sollten Sie diese Ausdrucksweise vermeiden?
- *Kurztipps:* Zwölf wichtige Kurztipps zur Rhetorik, zum Beispiel, wie man komplizierte Sachverhalte darstellt, was man tun soll, wenn die Zeit abgelaufen ist, wie man professionell mit Notizkarten hantiert, wie mit Störungen umzugehen ist usw.
- *Checkliste:* Alle Tipps und Tricks des Buches werden auf acht Seiten als kurze, prägnante Checkliste zusammengefasst.

Zum Schluss

Die Techniken, Methoden, Tipps und Tricks, die Sie in diesem Buch kennengelernt haben, verinnerlichen Sie allein durch Lesen und ohne Übung noch nicht. Erfahrungsgemäß sind sie dann auch nicht präsent, wenn Sie wieder eine Rede planen. Wie in allen anderen Lebensbereichen ist Training unbedingt notwendig. Ich empfehle Ihnen daher zusätzlich den Besuch eines Rhetorikseminars, in dem die Techniken nicht nur intellektuell verstanden, sondern vor allem auch eingeübt werden. Informationen über meine Rhetorikseminare finden Sie auf meiner Homepage unter www.poehm.com (die Seminare werden regelmäßig in Deutschland, Österreich und der Schweiz durchgeführt).

Ich bilde auch Personen zum Trainer aus. Eine Trainerausbildung bei mir schließt eine Lizenz zum eigenständigen Leiten von Rhetorik- und Schlagfertigkeitsseminaren nach der Pöhm-Methode ein. Sie werden von mir fünf Tage lang in der Schweiz ausgebildet und mit dem nötigen Know-how versehen. Auch hierzu finden Sie Details auf meiner Homepage.

Pöhm Seminarfactory
Matthias Pöhm
Alte Stationsstr. 6
CH-8906 Bonstetten/Zürich
poehm@poehm.com
www.poehm.com

Unterstützen Sie eine neue Welt mit besseren Präsentationen

Wenn Sie die Ideen dieses Buches unterstützen wollen, dann legen Sie dieses Buch für zwei Monate sichtbar auf die vordere Ablage unter ihrer Windschutzscheibe. Es wird genau die Leute ihren Blick darauf werfen lassen, die dieses Buch im Moment brauchen.

Die Welt wird beobachtbar besser, je mehr Menschen dieses Buch kaufen.